U1001137

• 农民致富关键技术问答丛书

优质鲜枣无公害生产关键技术问答

张铁强　师光禄　刘素琪　编著

北京市科学技术协会支持出版

中国林业出版社

本书使用说明

● 本书配有VCD光盘，光盘与图书结合，充分发挥图书和视频的各自优势，生动直观，实用性强。

● 光盘中的视频目录一目了然，通过操作很容易切换相应的视频。

● 通过图书目录可检索光盘中相应的视频内容。

● 通过光盘视频目录，可检索光盘视频所讲内容在书中的位置。

图书在版编目（CIP）数据

优质鲜枣无公害生产关键技术问答/张铁强，师光禄，刘素琪 编著. -北京：中国林业出版社，2008.1
（农民致富关键技术问答丛书）
ISBN 978-7-5038-4632-8

Ⅰ. 优… Ⅱ. ①张… ②师… ③刘… Ⅲ. 枣-果树园艺-无污染技术-问答 Ⅳ. S665.1-44

中国版本图书馆CIP数据核字（2007）第195812号

出版：中国林业出版社（100009 北京市西城区刘海胡同7号）
网址：http：//www.cfph.com.cn
E-mail：public.bta.net.cn 电话：66184477
发行：新华书店北京发行所
印刷：北京昌平百善印刷厂
版次：2008年3月第1版
印次：2008年3月第1次
开本：850mm×1168mm 1/32
定价：18.00元
（随书赠VCD光盘）

前言

枣树是我国人民最熟悉和喜爱的一种原产特色果树。7000多年前枣树已遍及华夏大地并被我们的先人广为利用，千百年来一直长盛不衰。20世纪80年代以来，随着我国改革开放的深入和市场经济的发展，枣产业蓬勃发展，尤其鲜枣生产发展迅猛。

鲜枣，又称鲜食枣、生食枣、脆枣、白枣、枣。据不完全统计，在我国700多个枣品种和类型中，有260多个属于鲜枣品种，我国鲜枣资源十分丰富。目前，我国鲜枣品种资源的利用和开发势头迅猛。继山西临猗梨枣在全国大面积种植后，河北黄骅、山东沾化的冬枣在全国各地也已形成较大规模的商品生产，其他鲜食品种如北京尜尜枣、永济蛤蟆枣、大城苹果枣、大白铃、蜂蜜罐等许多名优品种也开始有较大规模的生产。进入21世纪以来，在我国加入WTO、农业产业结构调整、西部大开发、退耕还林、全面建设小康社会和社会主义新农村建设等一系列大的历史背景下，鲜食枣交易在全国各大城市极度升温，交易量猛增；在国外，中国枣产品远销五大洲的30多个国家和地区。鲜枣这一世界水果宝库中的奇葩，正逐步在世界名贵果品行列中占有一席之地。

鲜枣在国内外果品市场上，发展空间很大。随着人民生活水平和健康意识的提高，随着鲜枣产品大规模走向国际市场，人们对食品安全越来越重视，人们要求的是无公害鲜枣。为了适应鲜枣无公害生产的需要，我们根据多年从事鲜枣科研与生产的实践经验与体会，并参考有关资料，写成此书，力争能为鲜枣无公害生产者提供一些帮助。由于我们水平所限，书中难免出现纰漏或错误，敬请同行和读者批评指正。本书的出版得到了北京市教育委员会都市农业学科群建设项目（项目编号：XK100190553）的支持，在此表示感谢。对于提供资料的单位和个人，谨致谢忱。

编者

2007 年 10 月

目 录

2 枣树区划与鲜枣品种

3 鲜枣品种苗木的培育

4　枣园规划与建立

5　枣园的土肥水管理

6 枣树的整形与修剪

7　鲜枣丰产优质栽培

8 鲜枣的采收与贮藏

9 枣园草害与自然灾害防治

10 枣树病虫害防治

《优质鲜枣无公害生产关键技术问答》光盘视频目录

1

鲜枣无公害生产须知

枣树是最具经济利用价值的一种落叶乔木，是全球华人最熟悉的一种中国原产特色果树。7000多年前枣树已遍及华夏大地并被我们的先人广为利用，成为与桃、杏、李、栗齐肩的中国古代“五果”。千百年来枣树一直长盛不衰，并深深融入了中华的药食文化和风俗习惯，得益于其极强的适应性、良好的丰产稳产性、富含营养、适口性强、用途多样的果实，以及便于管理、经济寿命长、适于长期间作、不与粮棉争地等独特优点。当今，它又成为山、沙、碱、旱贫困地区的致富果、摇钱树，枣产业前景辉煌。

1 我国枣产业现状如何?

据刘孟军报道(2005年)，我国枣产业发展现状是：

枣产业正处于蓬勃发展时期 据中国农业年鉴统计资料，2003年我国枣产量为171万吨，估计2005年总产量可达到200多万吨，面积约100万公顷，占全世界的99%左右。而作为枣树第二生产大国同时也是除我国外唯一有规模化枣树栽培的韩国，近年来枣树面积持续缓慢下降，产量维持在2万吨左右，仅相当于我国的百分之一，尚不能实现完全自给。冀、鲁、晋、豫、陕五大传统产枣大省仍占据全国90%的面积和产量，而且普遍增势强劲，尤其是山西省发展最快。新兴产枣基地异军突起，尤其是新疆正凭借其得天独厚的自然条件优势打造中国和世界上最大的优质干枣生产基地，仅阿克苏地区就要在3～5年内发展10万公顷枣树；另外，北方的鲜食枣、贮藏加工和营销产业正在崛起。

鲜食枣品种迅猛发展 从品种结构看，干制品种一统天下的时代正在成为过去，鲜食品种迅速成为枣业发展的生力军。据估算，目前我国制干、鲜食、兼用和蜜枣品种的品种数和产量分别为35:35:20:10和60:10:20:10左右。另外，有很少量的观赏品种。当前在我国起主导作用的10大主栽品种分别为：河北和山东环渤海盐碱区的中国第一大制干品种金丝小枣、河北太行山旱薄山区的制干品种婆枣(阜平大枣)、主产河北太行山区赞皇县并大规模引种到西北和东北的兼用品种赞皇大枣、山西和陕西黄河两岸黄土高原上的制干品种木枣、河南豫中平原黄河故道区(新郑和内黄及其周围地区)的兼用品种灰枣(大量引入新疆)和制干品种扁核酸、山东和河北西南部的制干品种圆铃枣和长红枣、以及近20年发展起来的两大鲜食品种——主产河北黄骅、山东沾化并引种全国的冬枣和主产山西临猗引种全国的临猗梨枣。该10个品种分别集中于数个至十数个县市，单品种产量都在数千万至上亿千克，其产量之和可占到全国总产量的70%以上。

栽培模式多样 一是枣粮间作稳步发展，突破传统观念的枣棉间作在新疆的特殊气候条件和棉花种植模式下得到迅猛发展；河北、山东等传统的枣粮间作区正在向纯枣园、密植枣园转变；而许多新兴产区，从稳健发展和减少与粮食争地的角度出发，发展了大量新的枣粮间作园。二是密植园(株距1～2米×行距2～4米)逐渐成为常规模式，不少地方在探索每公顷5000株以上的超高密度枣园。三是无公害生产迅速发展，一些地区如北京市已颁布地方标准《枣无公害生产综合技术》。四是各地积极探索枣树设施栽培和盆栽枣树生产技术。

贮藏与包装得到普遍重视 在采后处理方面，虽然总体发展缓慢，水平仍然较低，但对贮藏、包装、加工各地都给予了高度重视，正处于大发展、大变革的前夜。

枣产品贸易日益崛起 在国内，枣仍然主产华北、西北，主要销往南方和东北，但鲜食枣与枣加工品交易全国各大城市极度升温，交易量猛增；在国外，中国枣产品远销五大洲的30多个国家和地区，虽然95%以上仍在华人圈销售，但是世界各国对中国枣的研究与认识已引起普遍重视。

特别提示

枣产业正处于蓬勃发展时期，从品种结构看，干制品种一统天下的时代正在成为过去，鲜食品种迅速成为枣业发展的生力军。

2 当前我国枣产业存在哪些问题？

缺乏创新品种 我国枣树品种尽管很多，有700个以上，但均为历史上遗留的品种或通过优中选优选出来的品种，还没有一个品种是通过人工杂交，或经化学、物理诱变创新出来的。应当加大育种力度，通过杂交育种、物理化学诱变育种、分子辅助育种、太空育种等各种途径加快枣树育种步伐，早日培育出综合性状优良的新品种或专用品种。

主栽品种类型混杂 我国绝大多数枣主栽品种都是乡土品种，品种内类型很多，良莠不齐，生产上株间差异大，造成果实大小、果形不一，品质参差不齐，商品价值低。应加大优中选优力度，选育出优良类型，通过快速繁育苗木和高接换头等方法，解决品种混杂问题，提高果品质量和商品价值。

品种区域化研究不够 我国枣树发展迅速，枣树面积迅速扩大，但苗木品种混杂，盲目引种现象十分严重，造成产量低，品质差，给生产造成很大损失。我国枣树品种区域化问题一直没有进行过系统研究，目前我们缺乏这方面的数据和资料。应联合攻关，加强这方面的研究，尤其是对于有发展前途的优良品种优先进行区域化试验，从而实现"适地适栽"，提高效益。

新技术普及率低 改革开放以来，各地虽然研发了一大批实用新技术，创造了一批优质高产(亩产1500~3000千克)的典型，但新技术大多局限在试点和示范区里，全国平均亩产还只有200千克左右。特别是，近年来不少地区片面追求产量，盲目的超量使用化肥、农药和激素，导致枣果质量大幅度下降，安全性令人堪忧。

无公害生产技术体系研究不够 目前制定了一些枣无公害标准化生产技术，这些技术在一定程度上促进了枣树无公害的生产，但对于这些技术的研究还很不够，一些技术不够先进有效，或实用性差，一些技术指标不够明确，难以操作。急待根据枣品质要求，进行无公害生产相关技术的研究，总结出不同立地条件、不同用途(鲜食和制干等)枣无公害生产配套技术。

果实品质下降严重 果实品质下降表现在制干红枣上是含糖量低，果肉薄，弹性差，果实颜色发黄，无光泽；对鲜食枣而言，表现在果实含糖量低，果皮增厚，口味谈，果皮粗糙，无光亮，口感不好。造成果实品质下降的原因包括开甲、采收过早、激素使用量太大、缺乏科学肥水管理等。提高枣果品质必须强调适时采收、加强土肥水管理、科学进行配方施肥、推广先进的肥水管理技术、控制激素用量等。

鲜枣周年供应还不过关 鲜枣保鲜技术仍然是个难题，货架期保鲜技术还很少有人研究，提前成熟的设施栽培技术还不健全，延迟成熟的设施技术尚处于起步阶段。采后商品化处理技术落后。能突出枣果特色营养的高新技术产品很少，产品附加值偏低。在一定程度以推进了鲜食品种的商品化开发，离周年或亚周年供应还有较大差距。

枣病虫害危害严重 枣病虫害的防治技术，已成为决定枣产业发展的一个决定因素。毁灭性病虫害日趋猖獗。近年来，枣疯病、缩果病、裂果和绿盲椿象等难以防治的重大病虫害的危害地区越来越广、危害程度愈来愈大，严重影响着枣产业的可持续发展。

市场营销相对薄弱 从枣产品的国际贸易来看，除我国外，均为进口国，可见我国拥有枣产品国际贸易的100%，在世界枣树生产和贸易中占绝对主导地位，我国枣业发展的最大障碍不是国外的竞争而是自己对市场的开拓。目前，我国枣产品外向度低，出口少，原枣及枣加工品出口量还不到总产量的1%，且长期局限在东南亚及其它国家和地区的华人。国际上多数国家缺乏对红枣营养价值的了解，且不习惯直接食用原枣及简单加工品，所以仅以果品和红枣简单加工品形式出口，很难打开国际市场。但由于加工品种落后，技术含量偏低，富有特色的高附加值新产品开发较少，没有建立起枣生产大国的品牌优势，致使枣产品在农产品国际贸易中所占的份额很小。市场建设更是薄弱环节，流通在一定程度上已成为制约枣生产发展的瓶颈。

特别提示

枣生产、贮运、销售新技术与新方法的推广普及，是解决当前枣产业存在的诸多问题的关键。

3 我国枣产业的发展趋势如何？

据刘孟军报道(2005 年)，我国枣产业的发展趋势体现在：

整个产业将持续、稳步发展 在看的见的未来，整个枣产业还将持续、稳步的发展，其中鲜食枣产业将会得到快速、大踏步的发展。改革开放以来，我国枣树面积和枣产量翻了近3番，但枣产品市场一直保持良好态势，价格总体上稳中有升。随着21世纪的到来，在我国加入WTO、经济全球化、农业产业结构调整、西部大开发、退耕还林等一系列大的历史背景下，我国枣业正在迎来其新的大发展时期。

鲜枣产业将实现跨越式大发展 由于鲜枣较之干枣具有更好的口感、更高的营养(特别是维生素C)、更强的国内外市场亲和性(适口性广)，加之鲜枣的贮藏保鲜和冷链供应技术发展迅速，鲜枣产业必将在今后相当长的时间里持续快速地发展，并在不远的将来实现供应周年化、经营国际化，成为枣产业中最活跃、最具竞争力和扩张性的部分，必将擎起枣产业的半壁江山。

品种更新换代步伐加快 近年来，枣树品种的多样化和高级化趋向已很明显，品种更新步伐日益加快。一方面，地方品种选优和远距离的大规模引进优良品种蔚然成风；另一方面，枣品种结构正在发生深刻变革，制干、鲜食、兼用、蜜枣和观赏品种协调发展和早中晚熟有机搭配必将成为历史的必然。

无公害和绿色生产将走向普及 随着国内人民生活水平和健康意识的提高，无公害的绿色健康食品越来越受欢迎，而农药化肥污染的产品越来越没有市场。另一方面，我国的枣产品要大规模走向国际市场要求枣树生产必须走向绿色化。此外，近年来我国枣树无公害绿色生产技术发展很快，技术上日臻成熟。因此，枣树的无公害和绿色生产将很快走向普及。

枣产品向优质化和品牌化迅速迈进 随着人们生活质量的提高，不仅对产品的内在和外在质量提出更高的要求，同时会更加追求品牌。虽然枣是我国的特色和优势，即使在加入WTO后近期内也不会受到国外同行的有力竞争，但国产枣产品却会面临跨国公司和其他果品的激烈竞争。鉴于此，我国的枣产品必须突出自身特色，迅速向优质化和品牌化迈进。一是中抵挡的大宗产品应强调优质和适口性好；二是高档产品将向突出枣果特点的高营养、功能食品性发展。

枣树生产将实现区域化分工、国际化经营 随着市场经济的不断发展和完善，枣树生产必将向其优生区集中，其中鲜食品种将北上冷凉地区，制干品种将向干旱少雨日照充足、昼夜温差大的西部移动，加工、经营和研发将向经济、技术和信息发达的东部集中。在种植方面可能出现两大趋势，一是中亚、非洲、大洋洲等的干旱地区可能会规模化引种和商品化生产我国的枣树；二是一些跨国公司可能会涉足我国的枣产业，特别是枣产品的加工和贸易。

特别提示

枣果属适口性好的高营养、功能性果品，人们的健康意识与消费需求决定：枣产业会持续、稳步发展。

4 鲜枣生产的发展前景如何?

鲜枣，又称鲜食枣、生食枣、脆枣、白枣、枣。枣树以其适应性强、早果速丰、栽培管理容易、经济和生态效益显著等优点迅速发展，广大果农种植枣树的积极性也空前高涨。我国枣树产量的90%左右集中于河北、山东、河南、山西和陕西5省，我国枣树面积和产量均占世界总量98%以上。具不完全统计，在我国700多个枣品种和类型中，有260多个属于鲜枣品种，我国鲜枣资源十分丰富。

目前我国在鲜枣品种资源的利用和开发上还远远不够，但发展势头迅猛。继山西临猗梨枣在全国大面积种植后，河北黄骅、山东沾化的冬枣在全国各地也已形成较大规模的商品生产，其他鲜食品种如永济蛤蟆枣、大城苹果枣、辣椒枣、大白铃、蜂蜜罐、北京尜尜枣、郎家园枣等许多名优品种也开始有较大规模的生产。

近几年，鲜枣的价格一直稳定在较高水平。随着人们生活水平、文化水平的提高，果品消费的观念和消费结构都发生了很大的变化，人们果篮子中的水果不再是单一的，而是趋于多样化，中、高档化，鲜枣走向市场，正是这一变化的体现。上个世纪从90年代中期开始，鲜枣悄然走向市场，并以其高效益引起广大果农的关注，于是鲜食枣的栽培迅速迅速兴起。

鲜枣是我国独有果品，富含人体必须的多种矿物质元素，维生素C的含量高，备受国内外消费者的青睐，其开发前景不言而喻，各地应尽早参与开发早、中、晚熟特色鲜枣，以满足国内外市场对鲜枣消费越来越大的需求。我国的枣生产在世界居绝对的领先地位，近年来，人们注重饮食文化的同时，更看重了鲜枣独特的营养价值和保健价值，名优鲜枣的生产，必将为枣树种植者带来更大的经济利益。

特别提示

鲜枣正以高级营养保健果品的面貌大步走向市场，向人们展示鲜枣生产的广阔前景。

5 发展鲜枣生产经济效益如何?

瘠薄土地上能获得较好的收益 枣树适应性强，既耐旱抗涝，又耐瘠薄抗盐碱，土壤pH值在5~8.6之间，枣树都能正常生长结果，1965年河北沧县金丝小枣受涝淹水深达1米，淹没时间长达一个月，苹果树全部受涝而死，但枣仍成活，第2年生长结果正常，表现了极强的适应性。无论山地、丘陵、平原、河滩、海边盐碱地或其他果树不能栽植的瘠地，枣树皆可种植，并能取得较好的经济效益。

自然灾害时能有稳定的收益　枣树具有萌芽晚、花期长、花芽当年多次分化的特点。早霜危害、风雨危害、冰雹危害等多不会对枣树造成毁灭性的损失。因此，枣树具有很强的规避自然灾害的能力，群众称枣树是“铁杆庄稼”，种植枣树会有稳定的经济效益。

适合间作能获取树上树下双收益　枣树枝稀叶小，并且出叶晚，落叶早，适合于同农作物间作。它既能防风固沙，又能保护农田，对提高土地利用率。达到充分利用空间和光能，改善农田生态条件，获取树上树下双丰收的目的。

枣树结果早能有早收益　枣树是结果最早的果树之一，嫁接当年就能挂果，这在其它果树中极其少见的，苗木定植当年结果率可达70%～90%。民间有“桃三杏四梨五年，枣树当年就还钱”之说，就是指枣树栽植当年就能挂果获得收益。

枣树寿命长能有长收益　枣树寿命长，在老枣树区常能见到二三百年的大树结果。枣树繁殖方法简单，可进行分株、插根、嫁接繁殖苗木。管理简便，一般枣树栽植后不需特殊管理，就能正常开花结果，并能获得满意的经济产量。

枣树综合利用能有综合收益　枣树全身都有利用价值，枣花量大，花期长，蜜汁丰富而质优，是良好的蜜源植物；枣叶可以制成枣叶茶饮用；枣树木质坚硬，纹理细致，是优质的木材。

特别提示

“桃三杏四梨五年，枣树当年就还钱”，发展枣树生产是推动宜植枣区广大农民脱贫致富、改善生态环境的最佳选择。

6 发展鲜枣生产生态效益如何?

枣树是很好的水土保持树种，对地域生态平衡，改造环境和农业的可持续发展有重大意义。枣树还适合于庭院栽植，绿化美化环境，是绿化美化的良好树种。

(1)枣树是很好的水土保持树种，耐瘠薄，枝稀叶小，可单独栽植，形成枣林网，也可与小麦等作物间作，既能防风，又能保护农田。对提高土地利用率、充分利用空间和光能，改善农田生态条件，都可起到一定的作用。

(2)枣树适应性强，管理简便，几乎到处可以栽植。无论城市乡村，枣树作为庭院树，从寻常百姓院落到皇宫紫禁城内，遍栽枣树，尤以鲜食品质好的品种更受欢迎，枣树的确是城市绿化的好树种。

特别提示

庭院栽一株枣树，夏季绿叶扶疏，深秋金果与翠叶相映成趣，别具一格。

7 发展鲜枣生产应注意哪些问题?

发展鲜枣产业，要积极慎重。既要抓住机遇，又不能盲目发展。要在广泛调研的基础上，因地制宜，制定发展规划。一般应注意以下一些问题：

制定发展规划 对鲜枣市场进行全面深入的调查研究，了解市场需求，依据当地气候条件、土壤条件、交通运输情况、资金投入情况和劳动力状况等，有的放矢地确定适宜发展的品种和发展规模，切不可跟风盲目发展，以免造成重大经济损失。

强调适地适栽 枣树在我国分布很广，几乎全国均有分布。

但是，由于品种对环境条件的适应性不同，不是任何地域引种任何鲜食枣品种都可以开发成功的。有些品种存在致命缺陷，盲目发展，结果后品质低劣，商品价值低。例如薛城冬枣，又名大雪枣，该品种果实较大，整齐度高，不裂果，产量高，适应性强，为目前国内最晚熟的品种，但在一些地方引种时"核外核"现象严重，即果实发育到一定大小时，果皮下部的果肉形成一圈像核壳一样的坚硬木质，果面呈凹凸不平的疙瘩状，严重者失去食用价值。

有些地区鲜枣引种时只考虑枣果的品质和商品价值，却对该品种对环境条件的要求了解甚少。引种后由于不适应本地的环境条件而生长发育不良，结果不正常。例如冬枣，又名苹果枣，是优良的鲜食品种，果肉细嫩多汁，品质极上，各地发展冬枣的势头很猛。但冬枣是晚熟品种，果实发育期在125～130天，一些北方地区，积温不足，造成枣果无法成熟，由于冬枣生长期长，落叶晚，休眠晚，还极易造成树体冻害。

规模适度发展 鲜枣不耐贮运，地区性的大面积规模发展的发展，成熟期集中，市场供应量大，会造成生产者损失和经济收入。生产规模小，难以形成市场，影响销售；生产规模大，市场过分饱和，会为生产者带来损失。因此，要根据本地与外运销售量，合理确定发展规模。

发展系列化品种 鲜枣生产要依据品种的成熟期、果形、风味等品质特征，进行系列化生产，把鲜枣的供应期自然错开，发展不同风味品种，以能满足人们对不同品种的需要和不同时期的需求。努力避免生产品种单一和市场供应单调的现象。

多种栽培方式并举 一是集约化栽培，这是鲜枣产业发展成功与否的关键所在，集约化栽培就是利用较高的投入和科学、先进的管理技术获取高经济效益的栽培管理方式。二是矮化密植栽培，鲜枣生产要求枣果采收必须人工采摘，树体过于高大，则采收困难，矮化密植栽培，才能实现人工采摘。三是设施栽培，设施栽培可以人为地控制枣树生长的环境，使成熟期提前或者延后，鲜枣不耐贮运，供应期较短，设施栽培急待大面积发展。

特别提示

发展鲜食枣生产应依据当地气候土壤条件、市场消费习惯和交通运输情况等，有的放矢地确定适宜发展的品种和发展规模。

8 鲜枣无公害生产的含义是什么?

鲜枣无公害生产是指产地生态环境应符合无公害农产品生产标准，按照特定的技术操作规程生产，将有害物含量控制在规定标准内，并由授权部门审定批准，允许使用无公害标志。鲜枣无公害生产适合我国当前的农业生产发展水平和消费者的需求，当代农产品生产需要由普通农产品发展到无公害农产品，再发展至有机食品。

特别提示

鲜枣无公害生产适合我国当前的农业生产发展水平和消费者的需求。有机枣生产是进一步追求的目标。

9 鲜枣无公害生产的意义是什么?

减少农药危害 鲜枣无公害生产会使化学农药的使用量大大降低，从源头上避免人类遭受危害。化学农药的使用会给人类自身带来极大危害，有毒农药经过食物链的富集作用进入人体，由此而生的各种疾病不仅折磨着当代人，而且危及子孙后代的健康。

无公害生产可有效减少农药残留在生态系统中，避免毒害鱼类、鸟类和人类自身。

保护天敌 保护农业生态结构，可提高自然天敌防控病虫害能力。以往的果品生产，化学农药用量逐年上升，但是，随着化学农药用药量的加大，病虫害的发生为害确也日益增加，长期单纯依赖化学农药，破坏了农业生态结构，自然天敌的控害能力明显减弱，病虫抗药性发展迅速，造成病虫害频繁和大面积发生，使病虫害防治陷入了越用药防治越难治的恶性循环。无公害生产可减少农药施用，有效保护天敌，提高树体抵御病虫危害能力。

减少投入 化学农药的大量使用会带来诸多副作用，为了控制病虫害，大量使用杀虫剂、杀菌剂，在管理上，不是根据树情、病情、虫情施药，而是盲目施药，且施药量不当，不仅错过了最佳防治时期，而且造成大量农药的无效使用，加大了生产投入。无公害生产，综合防止病虫，既可减少农药施用，又可有效防治病虫，减少投入。

提高品质 化学肥料见效快，施用方便，但是大量施用氮肥，会造成果实膨大过快，水分含量高，糖分含量低，耐贮性下降，造成裂果、僵果、烂果。为提高坐果率，多次高浓度使用激素赤霉素、萘乙酸等，会导致后期营养供应不良、枣果脱落、含糖量低、口味差、耐贮性下降、果肉松散“糠心”、裂果多、着色差。鲜枣无公害生产，采用综合生产技术措施，增施有机肥，减少化肥，减少激素使用，可增强树势，减少病虫，提高品质。

国际接轨 鲜枣在世界果品市场上，是具有较强竞争力的产品，发展空间很大。但是必须实施无公害生产，才能与国际市场接轨，在世界果品市场上占有一席之地，并在激烈的市场竞争中立于不败之地。当今世界环境污染日趋严重，食品安全问题已逐步引起人们的关注，国内外消费者都需求安全食品。对于鲜果来说，同样也是如此。在这种形势下，认真搞好鲜枣无公害生产，就可以更好地适应国内外市场需求，促进枣业的健康发展，有效地增加枣农的收入。

特别提示

鲜枣无公害生产才能避免危害，减少投入，提高品质，与国际市场接轨，取得更大经济效益。

10 怎样才能冠以“无公害鲜枣”的称号？

无公害鲜枣是指产地环境、生产过程和产品质量符合国家有关标准和规范的要求，在经过无公害农产品产地认证基础上，在该产地生产农产品的企业和个人，按要求组织材料，经过省级承办机构、农业部农产品质量安全中心专业分中心的严格审查、评审，符合无公害农产品的标准，同意颁发无公害农产品证书并许可加贴标志的鲜枣，才可以冠以“无公害鲜枣”称号。

我国各级政府、农业行政主管部门和质量监督检验检疫部门在政策、资金、技术等方面扶持无公害农产品的发展，支持无公害农产品生产新技术的研究、开发和推广，国家鼓励生产单位和个人申请无公害农产品的产地认定和产品认证，我国也会适时推行强制性无公害农产品认证制度。

特别提示

我国也会适时推行强制性无公害农产品认证制度。

11 鲜枣无公害生产前景如何？

我国加入世界贸易组织以后，洋水果的进口对我国果品产业的压力越来越大。出口果品绿色壁垒的墙更高了，我国果品出口举步艰难。但我国是世界唯一大面积栽培枣树、大量出口枣果的国家。鲜枣是世界水果宝库中的奇葩，属世界性待开发的高档名贵保健型果品，世界上很多国家的消费者没见过、没吃过、没听说过中国枣。枣的发展将逐步在世界名贵果品行列中占有一席之地。但是，当今无论国内市场还是国际果品市场上，人们对食品安全越来越重视，人们要求的是无公害鲜枣、乃至有机鲜枣，因而，种植者生产的枣必须是无公害枣，并进一步进行有机枣生产，以满足市场需求。以往我们极少有鲜枣出口，从长远看，鲜枣的出口将会逐步加大，市场的发展前景，无论是国内市场还是国际市场都非常广阔。

特别提示

我国是世界上唯一有出口鲜枣潜能的国家，无公害鲜枣的发展将逐步在世界名贵果品行列中占有一席之地。

12 鲜枣无公害生产标准主要包括哪些方面？

根据农业部和国家质量监督检验检疫总局《无公害农产品管理办法》的规定，鲜枣无公害生产标准规范主要包括以下 3 个方面的内容：

环境质量标准 环境条件与枣果污染有密切关系，鲜枣无公害生产应选择在生态条件良好，远离污染源的地方，环境条件要符合国家有关标准要求，主要包括空气质量标准、农田灌溉水质量标准和土壤质量标准，良好的生态环境和安全无污染的生产过程是生产无公害农产品的基本保证。合理利用和保护自然资源，努力提高农业生产系统的自我维持能力，才能生产出充足、优质、无公害的农产品。

生产技术标准 枣树从育苗栽种到采果销售，生产技术的项目较多，各个环节都要严格管理，不得因人为措施不当而造成污染。要依据相关标准制定出操作规程并严格执行。尤其是农药和肥料的使用必须符合国家规定的使用标准。提倡使用低毒农药，限制使用中毒农药，严禁使用高毒、高残留和"三致(致癌、致畸、致突变)农药。

果品质量检验标准 无公害果品质量要进行安全性和商品性检测，符合标准的，才认为是无公害果品。果品安全性测定 主要是根据国家标准检测果品中的有害金属和农药残留量。重金属中铜、锌、汞、铬、铅、镉、砷和果品生产中常用农药，以及六六六、滴滴涕都是必检项目。果品中有害物质残留量的测定，以国家指定的测试部门测定的数据为准。

果品商品性测定是指无公害果品除达到无污染指标外，还要根据果实大小、色泽进行分级，果实的外观要洁净，果品质量的理化指标要达到标准，包装物料要符合清洁、无毒、无异味的要求，果箱设计精美。在贮藏、运输和销售过程中无二次污染。

特别提示

鲜枣无公害生产标准规范主要包括环境质量标准、生产技术标准和果品质量检验标准 3 个方面的内容。

13 鲜枣生产有哪些气体污染？

气体的污染主要来自工业或民用的燃料燃烧、工业或交通运输的废气排出。主要包括总悬浮颗粒物、二氧化硫、氮氧化物、氟化物等气体、固体和液体粒子。

总悬浮颗粒物 指能悬浮在空气中，粒径在 100 微米以下的颗粒物，记作 TSP，是大气质量评价中的一个重要指标。总悬浮颗粒物可分为一次颗粒物和二次颗粒物。一次颗粒物是由污染源释放到大气中直接造成的污染物质，如：燃料燃烧时产生的烟尘、生产加工过程中产生的粉尘、建筑和交通扬尘、风沙扬尘。二次颗粒物是气态污染物经过复杂的物理化学反应在空气中生成的微粒，如：二氧化硫转化生成硫酸盐。在我国甘肃、新疆、陕西、山西的部分地区总悬浮颗粒物污染较为严重。总悬浮颗粒物降落到枣树叶片上，使嫩叶产生污斑，影响正常的光合和呼吸作用，影响授粉和坐果，使果实表皮粗糙或木栓化，降低产量和品质。

二氧化硫　由燃烧含硫的煤、石油和焦油时产生，可直接危害枣生产。从叶片的气孔侵入，破坏叶绿素，在叶脉间呈黄色或褐色斑块，使叶片脱落；使花冠边缘呈褐色枯斑，花药干瘪，柱头萎缩，花脱落，降低坐果率；使果实发育受阻，失去商品价值。二氧化硫遇水成亚硫酸，与波尔多液中的铜离子结合，造成药害。还在大气中氧化为三氧化硫，再和水溶变为硫酸，形成酸雨。酸雨的 pH 在 5.6 以下，对枣树危害很大。

氮氧化物　有一氧化氮、二氧化氮、硝酸雾等。以二氧化氮的毒害较大。来自汽车、锅炉以及某些药厂排放的气体。在设施栽培中在塑料大棚中使用氮肥过多，也会形成二氧化氮的为害。其受害症状，与二氧化硫相似。

氟化物　主要有氟化氢、氟化硅、氟化钙和氟气等。来自磷肥、冶金、玻璃、搪瓷、塑料、砖瓦等工业生产，以及煤燃烧的废气中。氟化氢是无色有臭味的气体，其毒性比二氧化硫大 20 倍。并因其比重较小，能够远距离扩散。氟化物可从枣树叶片气孔进入，抑制树体内的枣树糖酶、磷酸果糖酶等多种酶的活性，使叶绿素难以形成，阻碍光合作用，因而失绿。又能使钙营养失调，嫩叶或生长点溃烂而枯萎。使枣树受精率降低，果实发育受影响，果皮硬化。

特别提示

工业或民用的燃料燃烧和交通运输的废气排出，会对鲜枣生产造成污染。

14 鲜枣无公害生产对空气质量有何要求?

枣无公害生产，其产地空气质量必须是安全的。空气中总悬浮颗粒物(TSP)，二氧化硫(SO_2)，氮氧化合物(NOx)和氟化物(F)等4种污染物的含量应符合表1－3的规定。

表1-1 空气中各项污染物的浓度限值

项 目	日均	1小时均
总悬浮颗粒物(标准状态)，毫克/立方米 ≤	0.30	—
二氧化硫(标准状态)，毫克/立方米 ≤	0.15	0.50
氮氧化合物(标准状态)，毫克/立方米 ≤	0.12	0.24
氟化物，微克/立方米/天 ≤	10(月平均)	

在进行空气质量时，要连续采样3天，每天早晨、中午、晚上各一次，求出平均值。

特别提示

鲜枣无公害生产，其产地空气质量必须符合国家标准。

15 鲜枣生产的灌溉水和土壤有哪些污染?

农药污染 一些地方因使用六六六、滴滴涕等农药造成土壤残留量严重超标，污染枣园灌溉水和土壤。有机磷和氨基甲酸酯类农药引起血液中乙酰胆碱酯酶活性下降，引起头痛、记忆力减退；有机氯或有机汞要损伤人的神经系统和肝、肾；有机砷引起神经炎、肝肿大等症状。

重金属污染 重金属对枣树的污染，主要是镉、铅、铬、汞和类金属和砷对灌溉水和土壤的污染。此外还有铜、锌、氟的污染。

镉污染主要源于矿山、冶炼厂和以镉为原料的电镀、电机、化工等工厂的“三废”排放。镉的毒性很强，在人体中能长期积累，损害肺、肾等器官，损伤神经和关节，还会致癌或致畸。

铅污染主要源于有色金属的冶炼，煤的燃烧，以及涂料、油漆、蓄电池等生产企业的排污、机动车用汽油作燃料的尾气。铅在人体的骨骼、脑、肝、肾内积累，致使神经系统、造血系统病变。

铬污染主要源于冶金、机械、金属加工、制革、化工、医药、汽车等排放的“三废”。铬虽是人体和动植物所需的微量元素，但过量会对人体是则一种强致癌物质。

汞污染主要源于矿山、汞冶炼厂、化工、涂料、印染等工厂的“三废”排放，以及含汞农药的使用。汞损害人的神经系统，使手足麻痹、神经失常、全身瘫痪，直至痉挛死亡。

砷污染主要源于造纸、冶炼、农药、化肥、皮革、硫酸等工厂的废水或废气，以及燃烧煤炭的气体和使用含砷的化学农药，这些都会使土壤或水质的含砷量增加。砷与氧结合成的三氧化二砷，就是砒霜，会使人体的细胞死亡。砷的急性中毒，有腹痛、呕吐甚至失水虚脱而死亡。慢性中毒会引起腹泻、恶心、呕吐、肝肿大、浑身酸痛、多发性神经炎，并会导致肺癌或皮肤癌。

化肥污染 长期使用或过多使用化肥，会对枣园土壤产生污染。

氮是在植物生命中占首要地位，被称为植物的生命元素。若是施用氮肥过多，也会造成多方面的危害。一是使土壤硝酸盐浓度增高，转化形成亚硝胺，因亚硝胺是致癌物质，对人体危害较大；二是氮肥中的氨素，能排出大量的二氧化氮，伤害人畜或枣树；三是长期使用氮素化肥，会因土壤中碳氮比失调，造成理化性质变劣，土壤板结；四是土壤会因使用硫酸铵、氯化铵等生理酸性肥料过多，使土壤中的微生物区系改变，尤其是分解纤维素的细菌减少，有机质腐烂困难；五是土壤会因使用氮素化肥不当，土中病原菌的生活力增强，数量增多；六是氮素化肥过多，会使枣树枝叶旺长，导致结果少、病虫害加重。

磷是枣树生长发育的必需元素，增施磷肥对枣树增产增质有明显的效果。过多使用磷素化肥，也有多方面的危害。一是磷素过多，会影响枣树对锌、铁元素的吸收；二是过磷酸钙中含有大量的镉、铅、砷，钙镁磷肥中含铬较高，磷矿石中有放射性的铀和镭等物质；三是劣质磷肥含有大量的镉、氟、砷和三氯乙醛等，三氯乙醛在土壤微生物作用下，变为三氯乙酸，毒害枣树根系，造成树体生长不良或减产。

钾是果树生长发育的主要元素之一。可是，过多使用氯化钾，因氯离子的影响，会使产量和品质降低；还会使土壤板结，影响枣树生长。

塑料污染 塑料污染有两方面的危害。一是农用塑料中含有辛酯、二异辛酯、二丁酯和二异丁酯等邻苯二甲酸酯类具有较强的毒性，有致癌、致畸、致突变的作用；二是废旧塑料进入土壤，会阻碍枣树根系的伸长，阻碍土壤水分和肥分的移动，影响枣树生长。

特别提示

农药残留、重金属污染、化肥过多使用和废旧塑料等都会对枣园灌溉水和土壤产生污染。

16 鲜枣无公害生产对灌溉水质量有何要求?

鲜枣无公害生产的产地灌溉用水的 pH 值及氯化物、氰化物、氟化物、汞、砷、铅、镉、铬(六价)、石油类等 9 种污染物的含量应符合表 1-2 的规定。

表 1-2 农田灌溉水中各项污染物的浓度限值

项　目	浓度限值
pH 值	5.5～8.5
氯化物	≤250 毫克/升
氰化物	≤0.5 毫克/升
氟化物	≤3.0 毫克/升
总汞	≤0.001 毫克/升
总砷	≤0.1 毫克/升
总铅	≤0.1 毫克/升
总镉	≤0.005 毫克/升
铬(六价)	≤0.1 毫克/升
石油类	≤1.0 毫克/升

灌溉水的检测须在灌溉期间进行，采取水样的点要选在灌溉水口上，各项数值应为灌溉期间多次测定的平均值。

特别提示

鲜枣无公害生产，其产地、灌溉用水各种污染物的含量必须低于国家标准。

17 鲜枣无公害生产对土壤质量有何要求?

土壤是指陆地表面具有肥力、能够生长植物的疏松表层，其厚度一般在2米左右。土壤污染物的来源广、种类多，有害物质或其分解产物在土壤中逐渐积累，对植物影响最大。枣无公害生产要求产地土壤中汞、砷、铅、镉、铬及农药六六六、滴滴涕的含量应符合表1－4的规定。

表1-4　土壤中各项污染物的含量限值　　毫克/千克

项　目	pH＜6.5	pH＜6.5～7.5	pH＞7.5
总汞　≤	0.30	0.50	1.0
总砷　≤	40	30	25
总铅　≤	250	300	350
总镉　≤	0.30	0.30	0.60
总铬　≤	150	200	250
六六六　≤	0.5	0.5	0.5
滴滴涕　≤	0.5	0.5	0.5

进行无公害枣园土壤质量检测，应根据园地条件与面积，确定采样点的多少、采样单元的面积和采样的深度。一般1～2公顷为一个采样单元，采样深度为0～60厘米，多点(5个点)混合为一个土壤样品。样品多时采用四分法，弃去多余，留1千克左右供分析检测。

特别提示

枣园土壤污染物的来源广、种类多，各种有害物质或其分解产物在土壤中逐渐积累，影响枣无公害生产。

18　无公害农产品标志的含义、作用是什么?

无公害农产品标志图案主要由麦穗、对勾和无公害农产品字样组成，麦穗代表农产品，对勾表示合格，金色寓意成熟和丰收，绿色象征环保和安全。

无公害农产品标志由农业部和国家认监委联合制定并发布，是获得无公害农产品认证的产品或产品包装上的证明性标识。该标志的使用涉及政府对无公害农产品质量的保证和对生产者、经营者及消费者合法权益的维护，是国家有关部门对无公害农产品进行有效监督和管理的重要手段。

图 1-1　无公害农产品标志图案

无公害农产品标志应当在认证的品种、数量等范围内使用。获得无公害农产品认证证书的单位或者个人，可以在证书规定的产品、包装、标签、广告、说明书上使用无公害农产品标志。区分普通农产品和无公害农产品的主要方法是看其在销售时是否加贴无公害农产品标志，借此来判断该产品是否是无公害农产品。因此，要求所有获证产品以“无公害农产品”称谓进入市场流通，均需在产品或产品包装上加贴标志。

特别提示

区分普通农产品和无公害农产品的主要方法是看其在销售时是否加贴无公害农产品标志，借此来判断该产品是否是无公害农产品。

19 怎样申请办理无公害农产品产地认定证书?

申请无公害农产品产地认定的单位或者个人，向县级农业行政主管部门提交书面申请，书面申请应当包括申请人的姓名(名称)、地址、电话号码、产地的区域范围、生产规模、无公害农产品生产计划、产地环境说明、无公害农产品质量控制措施、有关专业技术和管理人员的资质证明材料、保证执行无公害农产品标准和规范的声明等有关材料。

县级农业行政主管部门对申请材料进行初审，符合要求的，逐级将推荐意见和有关材料上报省级农业行政主管部门。省级农业行政主管部门对有关材料进行的审核，符合要求的，组织有关人员对产地环境、区域范围、生产规模、质量控制措施、生产计划等进行现场检查。经现场检查符合要求的，将通知申请人委托具有资质资格的检测机构，对产地环境进行检测。承担产地环境检测任务的机构，根据检测结果出具产地环境检测报告。

省级农业行政主管部门对材料审核、现场检查和产地环境检测结果符合要求的，将颁发无公害农产品产地认定证书，并报农业部和国家认证认可监督管理委员会备案。

特别提示

办理无公害农产品产地认定，须向县级农业行政主管部门提交书面申请，经初审合格，上报省级农业行政主管部门，经审核、现场检查、产地环境检测等符合要求，颁发无公害农产品产地认定证书。

20 怎样申请办理无公害农产品产品认证证书?

农业部农产品质量安全中心承担无公害农产品认证工作。获得无公害农产品产地认定证书的单位和个人，均可申请产品认证。

申请产品认证的单位和个人，可以通过省级农业行政主管部门或者直接向农业部农产品质量安全中心申请产品认证，并提交包括:《无公害农产品认证申请书》、《无公害农产品产地认定证书》(复印件)、产地《环境检验报告》和《环境评价报告》、产地区域范围、生产规模、无公害农产品的生产计划、无公害农产品质量控制措施、无公害农产品生产操作规程、专业技术人员的资质证明、保证执行无公害农产品标准和规范的声明、无公害农产品生产有关培训情况和计划、申请认证农产品的生产过程记录档案、“公司加农户”形式的申请人应当提供公司和农户签订购销合同范本与农户名单及管理措施，以及要求提交的其他材料。

申请材料符合和产地现场检查(需要时进行)符合要求的，将书面通知申请人委托有资质的检测机构对其申请认证产品进行抽样检验，并出具产品检验报告，对材料审查、现场检查(需要的)和产品检验符合要求的，进行全面评审和作出认证结论。符合颁证条件的，由农产品质量安全中心主任签发《无公害农产品认证证书》，同时报农业部和国家认监委备案。由农业部和国家认监委公告。

特别提示

无公害农产品认证证书有效期为3年。期满需要继续使用的，应当在有效期满90日前按照认定程序，重新办理。

2

枣树区划与鲜枣品种

生产无公害果品是果树生产发展的大趋势，目前已引起生产者的广泛关注。枣树生产强调因地制宜，适地适栽。这在鲜枣无公害生产中具有特别重要的意义。品种生产区划能客观地反映枣树品种与生态环境的关系，明确其最适栽培区、次适栽培区、不宜栽培区，这既是各地发展枣果生产、制定生产措施的参考，也更能为鲜枣无公害生产创造前提条件。每一枣树品种，有其最适的生长结果条件和病虫害不易发生的环境，如若某一品种，选择了非适宜生长环境条件，必然增加生产成本，加大病虫害防治力度，加大农药施用量。即便如此，非适地适栽品种也难以达到无公害生产的各项标准。所以，发展鲜枣生产也要强调做好品种区划。

21 我国枣树区划情况如何?

枣树原产我国，栽培历史悠久，种质资源极为丰富，根据气候、土壤、品种特点和现有栽培情况，《中国果树志·枣卷》把我国枣树划分为南北两个大区，即北方栽培区和南方栽培区。

北方栽培区　包括淮河、秦岭以北的地区，与南方栽培区的分界线大致与年均温15℃等温线吻合，降水量在650毫米以内。该区生产的枣果含糖量高，干物质多，适于鲜枣和干制红枣生产。按照气候、土壤、地貌、品种特点，又可划分为3个栽培亚区。

一是黄河、淮河中下游河流域冲积土栽培亚区。栽培历史悠久，是我国最重要的枣树栽培区，在地理位置上属于暖温带半湿润区，是北方枣产区中自然条件最优越的地区。该区海拨较低，多在200~600米。夏季温度较高，7月平均温度28~29℃，年平均温度大于10℃，9月份成熟期日温差大。年降水量450~600毫米，大部分集中在7~9月份，枣区多分布在河流冲积地带和低山丘陵区，包括河北、山东、河南的全部，辽宁西南部，山西中南部，陕西中部。本区域主要品种包括金丝小枣、无核小枣、婆枣、赞皇大枣、长红枣、板枣、骏枣、灵宝大枣、灰枣、鸡心枣、晋枣、临猗梨枣、大白铃、冬枣等。

二是黄土高原丘陵栽培亚区。属暖温带干旱区，海拔一般为600~800米，雨水较少，年降水量为380~400毫米，大部分集中在秋季，夏季气温较低，7月份平均温度24℃左右，年平均温8.5~10℃，土壤肥力较差，主要包括山西西北部和陕西东北部黄河沿岸等地。本区域主要品种包括木枣（约占80%）、油枣、骏枣等。

三是西北干旱地带河谷丘陵栽培亚区。该区是北方地区枣树分布的边缘地区，属温带干旱区，海拔较高，常在1000米以上，土壤较贫瘠，年平均温度多低于8.5℃，7月份平均温度22~25℃，雨量稀少，年降水量仅200~300毫米，甚至更少。包括甘肃、内蒙古、青海和新疆南部低海拔河谷地区。本区域主要品种包括临泽大枣、哈密大枣、金丝小枣、灰枣、赞皇大枣等。

南方栽培区　该产区指淮河、秦岭以南地区，年平均气温15℃以上，年降水量超过700毫米，土壤多呈酸性或微酸性，品质一般不如北方，多用于加工蜜枣或鲜食，按自然条件差异，也可分为3个栽培亚区。

一是江淮河流冲积土栽培亚区。该区属北亚热带，年平均气温15～16℃，7月份平均温度28℃左右，年降水量700～1000毫米，处于南北两大产区交接地带，多为平原地区。主要品种有泗洪沙枣、濉溪苹果枣、随县大枣等。

二是南方丘陵栽培亚区。该区指长江以南丘陵区，属中亚热带和南亚热带，温度较高，生长期长，日温差小，年均气温16～22℃，7月份平均温度28℃左右，年降水量多在1000毫米以上，地形复杂，土壤较黏，偏酸性，产量较高，而且有加工蜜枣的传统，经验丰富，是南方枣产区中心地带，包括安徽、江苏南部，湖南、江西、广西、广东、福建以及台湾等。主要品种有义乌大枣、马枣、宣城尖枣、宣城圆枣、灌阳长枣等。

三是四川、贵州、云南栽培亚区。该区包括四川盆地和云贵高原，气候条件常随海拔变化而有很大差异，一般海拔低的多为亚热带气候，年平均气温多在16～20℃之间，夏季酷热，多雾日；海拔1300～1500米以上则为温带气候，年平均温度11～15℃，夏季气温较低，平均24.5～25.5℃，年降水量800～1200毫米，多阴雨天气，日照较差，土壤酸性，土质较黏重。主要品种有木洞小甜枣、涪陵鸡蛋枣、宜良枣等。

特别提示

枣的区划根据气候、土壤、品种特点等因素，我国可划分为两大生态栽培区。即北方栽培区和南方栽培区。依据品种区划，精选品种，加强管理，根深叶茂，方可丰产丰收。

22 枣品种是怎样进行分类的?

枣树起源于酸枣，古代人民选择野生棘(即酸枣)中食用品质较好的类型栽种，经过长期培育选择，逐步选出了种性大大超过棘的高品质的枣树品种。《中国果树志·枣卷》一书记栽枣品种700余个。今后随选种工作的进展还会出现新的资源。生产上对枣品种的分类方法主要有4种，即按地区、果实大小形状、用途和果实生育期长短进行分类。

按地区分类 因各产区的自然条件不同，以及长期栽培驯化和选择的结果，各地形成了不同的主栽品种。从全国范围分，一般以年平均15℃等温线为界，划分为南枣和北枣两个生态类型。

按果实大小形状分类 ①按果实大小，把枣分为大枣和小枣两类。一般大枣果实个大，树势强，生长旺盛，树体高大，适应性强，也较耐瘠薄，多适于山地生长，如梨枣、灵宝大枣、灰枣、赞皇大枣、阜平大枣等；小枣一般树势较弱，树冠较小，果实也小，但品质优良，对土壤条件有一定的要求，以平原区集中栽培较多，如冬枣、郎家园枣、金丝小枣、无核小枣等。②按果实大小与形状结合起来分为六类。小枣型，如金丝小枣、密云小枣等；长枣型，如骏枣、灌阳长红等；圆枣型，如圆铃枣、缨络枣、蜂蜜罐等；扁圆型，如冬枣、老虎眼枣等；缢痕型，如葫芦枣、磨盘枣等；宿萼型，如柿顶枣、五花枣等。

按用途分类 ①制干品种，又称红枣、干枣。其特点是肉厚核小，汁少，含糖量和干制率均很高，如金丝小枣、无核小枣、灵宝大枣、灰枣、赞皇大枣等。②鲜食品种，又称脆枣、白枣。其特点是皮薄，肉质酥脆，汁多味甜，如冬枣、梨枣、蜂蜜罐、郎家园枣、尜尜枣等。③兼用品种，即可鲜食，也可制干或加工蜜枣等产品，如金丝小枣、赞皇大枣、骏枣等。④加工品种，其特点是果大而整齐，肉厚质松，汁少、皮薄，含糖量较低，细胞空腔较大，易吸糖汁，如义乌大枣、宣城尖(圆)枣、大糠枣等。⑤观赏品种，其特点是树形、枝形、果形美观奇特，可用于绿化美化、庭院栽培或制作盆景，如龙爪枣、葫芦枣、胎里红、茶壶枣等。

按果实生育期长短分类 ①极早熟品种，如花后60多天成熟的宁阳六月鲜。②早熟品种，如80天左右成熟的新郑六月鲜、槟榔枣。③中早熟品种，如90~95天成熟的梨枣、到口酥、大城苹果枣、大致枣、蜂蜜罐、疙瘩枣、永城花红枣。④中熟品种，如100天左右成熟的大瓜枣、大椒枣、冷枣、临猗梨枣、妈妈枣。⑤中晚熟品种，如100~110天成熟的彬县酥枣、不落酥、永济蛤蟆枣、菏泽甜瓜枣、瓶子枣。⑥晚熟品种，如120天成熟的冬枣、成武冬枣。

特别提示

生产上对枣品种的分类方法主要有4种，即按地区分类、按果实大小与形状分类、按用途分类和按果实生育期长短分类。

23 鲜枣无公害生产怎样进行品种选择？

根据枣树区划 品种选择应以区域化和良种化为基础，遵照枣区域化要求，结合当地自然条件，选择鲜枣优良品种，实行适地适栽。引进栽培优良品种时，必须进行品种区域试验，然后再大面积发展。

选择乡土良种 选择鲜枣品种时要注意选用乡土良种，做到乡土良种与引进品种相结合。注重传统、名优、稀少和特有的地方品种的抢救和恢复发展。

根据市场需求 鲜枣品种选择要根据市场需要求，选择果型美观，果个整齐一致，可食率高，耐贮运，果皮薄、肉质厚、不裂果、口感好、肉质脆、汁液多、酸甜适口、个大。

选择优良品种 鲜枣生产选择的品种要具早产、丰产、稳产的特性。在正常的栽培管理条件下，具有较强的结果能力。对土壤、气侯有较强的适应性，抗病虫能力强，采前落果轻、裂果轻。

特别提示

鲜枣生产品种的合理选择，对其品质、产量、经济效益和生态效益均至关重要。

24 鲜枣无公害生产怎样进行引种?

鲜枣无公害生产从外地引入品种前，要对其适应可能性进行全面分析，对引种品种的适应性要有充分了解。引种时应该注意的问题是:

严格检疫 检疫是引种工作的重要环节，对引种地区没有的病虫害要严格进行检疫消毒，否则一些新的病虫害随接穗、苗木等繁殖材料带到引种地区常常给引种地区的枣树生产带来难以挽回的损失。

登记编号 引入的品种收到后就应编号登记，登记项目应该包括品种名称、繁殖材料种类(接穗、插条、苗木，如嫁接苗则须注明砧木名称)、材料来源(原产地、引种地)、数量、引种日期、引入苗木的苗龄、引入品种性状和原产地风土条件特点等资料。

调查记载 通过调查引入地的品种性状和特性、产量、品质、生长结果习性、成熟期、贮藏性、适应性和抗逆性等，为大面积推广积累经验。

试验观察 用一般的或特殊的栽培管理方法，从中总结出一套最适合该品种的栽培管理技术和方法。试验数量每品种嫁接苗应不少于 50 株，高接换头数量应不少于 30 株。从引种试验到生产上大量繁殖推广，试验至少应进行 3 年以上，才能评定供试品种能否在生产上利用。

鉴定 试验结果的评价应根据试验观察数据，采取专家与群众评价相结合的方法，对引入品种的主要优缺点和它的发展前途作出评价。当然，最终能否在生产上大面积推广，要看其能否为栽培者带来巨大的经济收益。

特别提示

引种原则是“少量引种，多点试验，专群结合，全面鉴定，摸索规律，看准狠抓，加速繁育，逐步推广。”

25 发展极早熟鲜枣可选择哪些品种？（视频1）

宁阳六月鲜 分布于山东的宁阳、兖州、济宁等地，果实中等大，果形不一，有长椭圆形、卵圆形、倒卵形等多种形状，大小较整齐。平均果重13克左右，最大果重15.5克。果面平整，果皮较厚，紫红色。果肉白绿色，质地细脆，汁液中多，甜味浓，略具酸味，可食率96.2%～97.1%，可溶性固形物含量31%～32%，鲜食品质中等。要求深厚肥沃的土壤条件，结果较早，在原产区，花期气温不稳定，或日平均温低于24℃的年份坐果不良。气温高的年份坐果好，产量高。在产地，4月中旬萌芽，5月中旬始花，8月上旬果实开始着色，采收食用。果实生长期60天左右。较抗裂果。

六月枣 别名六月炸。农历六月中旬果实由绿转白即可食用，故有“六月枣”之称。分布于陕西大荔的三教、马坊和蒲城的阿坡一带。果实小，圆柱形。平均果重6.5克，最大果重8.4克，大小均匀。果面平整，果皮薄，紫红色。果肉白绿色，质地细，较松脆，汁液中多，味甜。含可溶性固形物24.5%，可食率92.7%，鲜食品质中上。适应性较强，耐旱、耐瘠薄，在无灌溉条件的沙质和壤质土上，均能良好生长。结果早，产量中等而稳定。在产地，4月上中旬萌芽，5月中旬始花，7月底前后着色成熟，果实生长期60多天。果实进入白熟期后极易裂果，故有“六月炸”的别名。

特别提示

极早熟鲜枣品种花后60多天即可成熟，这样早熟的鲜枣品种数量极少，可选择种植一些，提早上市供应市场。或进行设施栽培，进一步提早成熟。

26 发展早熟鲜枣可选择哪些品种？（视频2）

二秋枣 产于天津西郊、张窝、傅村、木厂等地，为当地主栽品种之一。果实小，长椭圆形，平均果重4.6克，最大果重10.5克，大小较整齐。果皮薄，褚红色。果肉白色，酥脆多汁，味稍淡。含可溶性固形物24.8%，可食率94.8%，鲜食品质上。适应性强，耐旱、耐涝、耐盐碱。在pH值8、总盐量0.3%的盐碱地上，生长结果正常。树势中等，树体健壮，经济寿命较长。在天津，4月20日前后萌芽，6月初始花，8月初果实开始着色，8月中下旬成熟采收，11月初落叶，果实生长期75天左右，有裂果现象。

槟榔枣 产于湖南溆浦的双井乡新塘、塘湾等村。果实中等大，短梭形，似槟榔果状。平均果重11.1克，最大果重18.9克。果肉白绿色，质地松脆细嫩，汁液多，味甜，可食率95.1%，鲜食品质上。树势强，结果晚，产量高而稳定。在产地，4月下旬萌芽，5月下旬始花，8月下旬果实成熟，11月初开始落叶，果实生长期80天左右。不裂果。为南方优良鲜食品种。

新郑六月鲜 产于河南新郑的新村、薛店、孟庄乡一带。果实长圆形，平均果重7.1克，最大果重8克，大小较一致。果面光滑，果皮橙红色。果肉乳白色，质地细脆，多汁，味甜略酸，含可溶性固形物30.1%，可食率95.1%，品质上等。结果早，产量中等，且稳定，裂果较轻。在产地，8月下旬采收，果实生长期80天左右。

孔府酥脆枣 别名脆枣、铃枣。产山东曲阜县城孔府院内，树龄200余年。果实中等大，形状、大小均不整齐。平均果重7.0~8.5克，大果长椭圆形，果面高低不平，最大果重19.5克。小果多圆柱形，两端较平，侧面略扁，重6.9克左右。果皮较厚，深红色，有光泽。果肉乳白色，质地酥脆较细，稍起沙，汁液中多，甜味浓，微具酸味。可溶性固形物含量：白熟期28%、斑红期32%、半红期35%~36.5%。鲜食品质上。适应性和树势均强，在产地4月中旬发芽，5月中旬始花，8月中、下旬果实成熟采收。果实生长期80天左右。抗裂果。

特别提示

早熟鲜枣品种花后80多天即可成熟，成熟早，品质优，上述一些品种，目前生产上较为关注。

27 发展中早熟鲜枣可选择哪些品种？（视频3）

蜂蜜罐 分布于陕西大荔的官池乡北丁、中草一带，为当地原产品种，数量不多。果实中等偏小，近圆形，纵径2.5厘米，横径2.4厘米。平均果重7.7克，最大果重11.0克，大小整齐。果面不平整，有隆起。果皮薄，鲜红色，有光泽。果肉质地细脆，汁液较多，含可溶性固形物25%~28%，鲜食品质上等。果核中大，果实可食率93.5%。在原产地4月上旬萌芽，5月中下旬始花，8月底前后着色成熟，果实生长期85~90天，很少裂果。该品种适应性强，对土质要求不严，在我国南、北方均可栽培。结果早，产量高而稳定。

大城苹果枣 别名柿子枣。原产河北大城一带。果实近圆球形，平均果重 23.3 克，最大果重 33.2 克。果皮薄，富光泽，果面光滑。果肉白色，致密酥脆，汁多味甜，含可溶性固形物 29% 左右，可食率 95.8%，鲜食品质上。在产地，果实 8 月底成熟，果实生长期 90 天左右。该品种适应性强，抗旱涝，为中早熟鲜食良种。

尜尜枣 果实两端钝尖而光圆，形似一种儿童玩具尜儿，两头尖，中间大，因而得名尜尜枣，也称尜枣。为鲜食名贵品种之一。北京城近郊区多零星栽植于庭院内外，北京各枣产区有广泛种植。平均单果重 7.31 克。果皮薄，紫红色。果肉质细而脆嫩，甜而微酸，汁多，鲜果含全糖 29.91%，含酸 0.56%，含维生素 C 为 189.1 毫克/100 克，品质上等。果实生长期 90 天左右。树势中，早期丰产和丰产稳产性极佳，但易裂果。

郎家园枣 原产于北京朝阳郎家园一带。果实长圆柱形，平均果重 7.4 克，果实大小整齐均匀。果皮薄而脆，浓红色，平滑，具光泽。果肉淡绿色，质地酥脆、细嫩、多汁，酸甜适口，枣味浓郁，可食率 95.7%，鲜果含糖 31% ~35%，含酸 0.66%，含维生素 C 为 221.7 毫克/100 克。树势和发技力较强，连续丰产能力强，结果年龄早，对环境条件要求不严，很少有病虫害，抗裂果，果实生长期 90 ~95 天，9 月上旬成熟，品质极佳，是闻名中外的鲜食品种。

大白铃 又名梨枣、鸭蛋枣、鸭枣青。起源于山东夏津，分布于山东临清、武城、阳谷和河北献县等地。果实大，近圆形，一般果重 24.5 ~25.6 克，最大果重 42 克，大小不均匀。果皮较薄，紫红色，果面欠平滑。果肉厚，绿白色，肉质松脆，味甜，汁液中等多，品质上等，适宜鲜食。鲜枣含可溶性固形物 25% 左右，可食率 94.4%。核小，纺锤形。在原产地 9 月上中旬果实成熟，果实生育期 95 天左右。大白铃结果早，春季用较大砧木嫁接，当年即可结果。丰产、稳产，抗病性强，极少裂果。大白铃适应性强，成熟较早，为鲜食品种，适宜矮密栽培。

早脆王 河北省沧县在1988年枣树资源普查中发现的优良单株，1989年开始在该县枣良繁基地对其进行保存和栽培研究，后经专家鉴定，被命名为早脆王。果实卵圆形，平均单果重25克左右，最大单果重87克，整齐度高。果皮光洁，鲜红。果肉酥脆，甜酸多汁，脆嫩爽口，有清香味，品质上等。含糖39%左右，含维生素C为497毫克/100克，可食率96.7%。9月初果实进入脆熟期，果实发育期90～95天。该品种抗旱耐涝，抗盐碱，耐瘠薄，进入结果期早，丰产，无大小年现象，是优良的大果形早熟鲜食品种。

特别提示

中早熟鲜枣品种花后90～95天成熟，此类品种较多，品质优，上述一些品种，可在生产中选择种植。

28 发展中熟鲜枣可选择哪些品种？（视频4）

临猗梨枣 分布于山西运城、临猗等地。果实特大，长圆形，平均果重30克左右。果面不很平整，果皮薄，赭红色。果肉松脆，汁多味甜，可溶性固形物含量可达27.9%，维生素C为292.3毫克/100克，可食率97.3%，鲜食品质上等。果实生长期110天左右，9月下旬成熟。树势中等，发技力强。该品种早产性、丰产性极佳，为中晚熟优良鲜食品种。但不同地区栽植产量品质差异较大，引应种时要注意。

京枣39 由北京市农林科学院林业果树研究所于1991年从枣资源圃中选出。2002年9月，通过鉴定。果实大，圆柱形，平均单果重28.3克，大小较均匀。果皮深红色，果面光滑。果肉厚，绿白色，肉质松脆，味酸甜，汁液较多，适宜鲜食，品质上等。鲜枣可食率为98.7%，含可溶性固形物25.5%，酸0.36%，维生素C253毫克/100克。在北京地区，4月中旬萌芽，5月中旬始花，9月中旬枣果成熟，果实生育期为100天左右。结果早，产量高，品质好。抗逆性强，抗寒、抗旱、耐瘠薄。对土壤要求不严。

辣椒枣 别名长脆枣、长枣、奶头枣和羊角枣，原产于河北的深州市、衡水，山东的夏津、临清等地。果实形状奇特美观，为长锥形或长椭圆形，果个中大，平均重12克，最大重22克，大小均匀；果皮薄，紫红色；果肉白色，较细脆，稍松软，汁较多，酸甜适口；鲜果含糖31%～37%，可食率97.2%，品质上等。果实9月下旬成熟，生育期110天左右，很少裂果，为优良鲜枣品种，也可作观赏品种。其树势强健，树体高大，持续结果年龄较长，坐果稳定，丰产性较好。

桐柏大枣 1982年在河南桐柏县果园乡发现，1983年定名。果实形近圆，特大，单果重30克左右，最大鲜果重80克。果皮色泽鲜亮，核小，肉厚，质脆而甜，鲜食口感好，含糖25.8%，维生素C 458.2毫克/100克，酸0.32%。果实9月下旬成熟，果实发育期110天左右。该品种对气候、土壤适应性较强，抗旱，抗涝，耐瘠薄，耐盐碱，进入结果期早，极丰产、稳产。抗风力较弱。

无核脆枣 山东省枣庄市薛城区园艺研究所从当地无核枣单株中选出的优系。果实长圆形，果面平整，平均单果重16.9克，最大果重39克，大小较整齐。果皮中厚，色泽鲜红，有光泽，不裂果。果肉黄白色，质地致密，汁液中多，味甜，含可溶性固形物35.6%、总糖19.13%、酸0.21%，鲜食品质上等。核退化或革质，可食率近100%。9月中下旬果实成熟，果实发育期100天左右。该品种耐瘠薄，沙质土、黏质土、低洼盐碱地及山坡、丘陵、平原等均适宜种植，在pH值为5.5～8.2的条件下生长正常，在土壤含盐0.4%的条件下仍能生长。在肥沃土壤中，树冠高大，产量高而稳定。进入结果期较早，果实甜脆可口，且无核，宜鲜食，具有较高的开发价值。

特别提示

中熟鲜枣品种花后100天左右成熟，此类成熟期枣品种数量多，品质优。

29 发展中晚熟鲜枣可选择哪些品种？（视频5）

蛤蟆枣 主产山西省永济，因果面凹凸不平，且有深色斑纹，似蛤蟆背部皮纹，故称蛤蟆枣。果实长圆形，平均果重34.0克，大小不均匀；果皮薄，深红色，肉厚核小，肉质较脆，味甜，汁液中等；可食率96.5%；鲜枣可溶性固形物含量28.5%，含酸0.43%，维生素C为397.5毫克/100克，品质上等。9月下旬成熟，采前落果极轻，要求较好的肥水和修剪管理，结果早，产量中等，可食率高，鲜食品质优良，较耐贮藏。为优良的中晚熟鲜食品种。

不落酥 主产于山西平遥的辛村乡赵家庄等地。果实大，长柱形，侧面扁，平均果重20.1克，大小不很均匀。果面不平滑，果皮紫红色，果肉厚，质地酥脆，汁液中多，味甜，含可溶性固形物31.8%，酸0.42%，维生素C 255.5毫克/100克，适宜鲜食，品质上。在产地，4月中旬萌芽，5月下旬始花，8月下旬开始着色，9月下旬进入脆熟期采收，果实生长期110天左右。易裂果。该品种适应性较强，为优良的中晚熟鲜食良种。

特别提示

中晚熟鲜枣品种花后100~110天成熟成熟，此类品种成熟期多在国庆节、中秋节前后，两节期间鲜枣销售量较大。

30 发展晚熟鲜枣可选择哪些品种？（视频6）

冬枣 又叫冻枣、苹果枣等。在山东沾化、德州，河北黄骅、盐山等地。果实近圆形，平均果重10~20克，大小不整齐。果皮薄，未熟前，阳面常有红晕，成熟后红褐色。果肉较厚，肉质细嫩多汁，甜味浓，略酸，可溶性固形物含量可达42%，维生素C为352毫克/100克，可食率96.9%，含水率70%左右，品质极佳。果实10月上中旬成熟。为稀有晚熟鲜食优良品种。树势中等，树姿开张，枝条较细直，产量中等，适应性较强，以沙质壤土或黏质壤土最为适宜。

成武冬枣 别名冬枣。分布于山东的成武、菏泽、曹县等地。果大，长椭圆形或长卵圆形，平均果重25.8克，最大果重32.1克。果皮较厚，赭红色，不开裂。果肉厚，乳白色，质细松脆，汁液中多，脆熟期，含可溶性固形物35%~37%，味甜，微酸。可食率97.8%，鲜食品质上。在产地，4月10日前后萌芽，5月下旬始花，10月上、中旬进入脆熟期采收，果实生长期100~130天。该品种适应性较差，不耐干旱，结果早，较丰产，为珍贵的晚熟鲜食品种。

特别提示

晚熟鲜枣品种花后120天以上成熟，此类品种中的冬枣以其品质优、耐贮藏性好等优势近年发展较快。

3

鲜枣品种苗木的培育

苗木的培育是枣树生产的前提，苗木质量的优劣，直接影响定植成活率、枣园整齐度、投产年限，还影响到随后的枣园管理、生产成本、枣果产量和品质等。因此，培育适应当地自然条件、无检疫病虫害对象、品种纯正、生长健壮、根系发达、符合规格的苗木，是发展鲜枣生产的先决条件。优质鲜枣品种苗木的培育，首先是好苗圃地，要求土质肥沃、灌溉排水条件良好、交通方便；其次是选择适宜的繁育枣苗的方法，培育符合质量标准的苗木；第三是要注意苗木包装运输环节，要求起苗时要尽量保证苗木根系健全，起苗后要立即蘸泥浆，包装时用塑料薄膜包严。

31 选择苗圃地应注意哪些问题?

地形地势　地势平坦，背风向阳，土质差异小，地下水位低。

土壤质地　土层深厚，质地疏松，排水良好的中性沙质壤土。遇不良土壤，应针对具体情况，通过土壤改良，改善其理化性质，使之成为疏松肥沃适宜苗木生长的土壤。

排灌条件　水源充足，排水、灌溉条件良好。

植保条件 无危险性病虫，若有不利苗木生长的病虫，育苗前必须采取有效措施防治。无多年生深根性杂草危害。避免重茬，重茬苗木极易被在上茬苗木上危害的线虫、真菌、细菌等直接侵害，造成大量危害，在上茬苗木上引起的营养元素亏缺或失衡和某些有毒元素积累也会造成严重危害。

交通条件 道路通畅，运输方便。

特别提示

培育鲜枣苗木，必须慎重选择肥沃的苗圃地，避免重茬育苗。

32 怎样用分株法繁育枣苗?

分株法繁殖枣苗是利用枣树有自生根蘖的特性，而使其长成新株，优点是能保持母株的优良性状，可直接栽种定植，操作简便；不足是育苗数量有限，难以大规模生产并对母株树势及产量影响甚大。

一是利用枣树周围自然萌发的根蘖苗，直接定植或栽植于苗圃培育成枣树苗。此法简便易行，投资少，风效快；但是出苗量少，根系发育差，归圃栽植成活率低。

二是利用枣根受伤易产生根蘖的特性，在枣树周围挖沟，切断根系，促进根蘖萌生。此法出苗量大，苗木质量高。具体做法是，在春季枣树萌芽前，选择品种优良、树体健壮的结果母树，在树冠外围挖40～50厘米、宽30～40厘米的环形沟，切断直径2厘米以下的细根，剪平切口，并用湿土覆盖，加快伤口愈合，当年即可萌发出大量的根蘖苗，随后进行适当间苗。第二年春天挖取根蘖苗，归圃培育。苗圃地土壤应平整肥沃，有良好灌溉和排水条件。栽苗时间多在春季发芽前进行。栽前要用生根粉和杀菌杀虫剂浸蘸根部，按苗木大小分类栽植，栽后在距地面5厘米处对根蘖苗木进行平茬，并立即灌一次透水，以后保持圃地湿润，干旱时及时浇水。并注意进行适时松土、除草、追肥、防治病虫害等工作。苗木秋季即可出圃。

特别提示

分株法繁殖枣苗优点是可直接栽种定植，操作简便；不足是育苗数量有限，并对母株树势及产量影响甚大。

33 怎样用扦插法繁殖枣苗？（视频8）

枣树硬枝扦插成活率很低，生产上很少应用。根插易成活，但往往繁殖量又有其局限性。在枣树上用扦插法繁殖苗木，一般是搞嫩枝扦插，扦插繁殖需特别精心管理，也需一定的设施，但扦插繁殖应用于生产将有广阔的前景。具体方法步骤如下：

（1）建露地全光照弥雾扦插床。用砖砌成宽1.2～1.5米扦插床，长视规模而定，扦插床上架设弥雾喷头装置。扦插床内基质下层铺大石子或卵石30厘米厚，上层铺粗河沙20～30厘米，然后喷洒0.2%高锰酸钾液消毒。

（2）插穗准备。扦插材料为当年生半木质化枣头、二次枝径粗超过2毫米的枣吊。顶端在芽上0.5厘米处平剪，下端剪成斜茬，插条长15～20厘米，下部3～5厘米叶片去除，上部叶片保留。将剪好的插条，先用0.1%多菌灵水浸泡1～2分钟杀菌防腐。再先用1克/升的引哚丁酸（IBA）或吲哚乙酸（IAA）、萘乙酸（NAA）或者是浓度为100毫克/升的生根粉（ABT）水溶液，浸渍基部5～10秒钟。然后按10厘米×6厘米密度直插于插床的沙基质中。深度达2～3厘米。

（3）插后管理。扦插后立即启动喷雾装置间歇弥雾，生根前喷雾间隔时间要短，要求插条叶面经常保持一层水膜，生根后，白天20～30分钟喷一次，夜间1～2小时喷一次。移栽前6天开始延长喷雾时间，一般40～60分钟一次。插后15天左右进行一次叶面追肥(0.2%尿素液)，插后每周喷一次50%多菌灵1000倍液。扦插从5月下旬至8月下旬都可以进行。插条扦插30～40天，多数能形成10条左右的发达白色幼根，生根率达90%以上，此时应将苗小心挖起，以25厘米×12厘米的密度移栽于露地苗畦，并罩上塑料膜拱棚和遮荫保湿，每天喷水1～2次，并小心进行通风锻炼。1～2周后撤去塑料膜，2～3周后撤去荫棚，同时注意肥水管理，促苗生长。

(4)嫩枝扦插成活的枣苗，当年生长量一般为20厘米左右，冬季应注意防寒保护。

特别提示

枣树嫩枝扦插育苗，技术成熟，应用于生产将有广阔的前景。

34 枣树嫁接育苗有哪些好处?

嫁接是利用果树营养体进行繁殖的一种方法。人们有目的地将一株植物上的枝条或芽等组织，接到另一株带有根系的植物上，使这个枝条或芽接收它的营养，成长发育成一株独立生长的植物。这样的操作就叫嫁接。这个枝或芽叫做接穗，带原根承受接穗的植株叫做砧木。嫁接育苗的好处是：

保存枣树优良品种的性状 采用嫁接繁殖一般是母株生长发育的继续，能保持枣树优良品种的性状，大部分枣树都用嫁接的方法繁殖的。

提早结果和丰产 嫁接苗是由大树上采下来的枝、芽生长起来的，生长年龄虽轻，但发育年龄较大，酸枣作砧木嫁接大枣，一般当年就能结枣。

增强枣树的抗逆性　枣树砧木一般都用野生酸枣，酸枣具有较强的抗寒、抗旱、耐涝、抗盐碱、抗病抗虫等特性。栽培枣嫁接后，由于砧木的适应性广，因而对接穗的抗逆性和适应性有明显的影响，增强了适应环境的能力，能扩大栽植范围。酸枣耐干旱、贫瘠，嫁接大枣后，增加了大枣适应瘠薄荒山的能力。为不失去砧木对环境的适应能力，一般嫁接苗栽植时，不要栽植太深，接穗要露在外边，以免接穗生根，降低砧木的抗性。

加快枣树优良品种的繁育　生产上可用嫁接法加速枣树优良品种的繁殖，满足生产上的需要。

特别提示

嫁接育苗是目前生产上应用最多育苗方法，技术简单，易于掌握，育苗成本低。

35 怎样繁育酸枣实生苗？

育苗地应选灌排水良好、肥沃砂壤质土为好，每亩施5000千克粪肥、深耕30厘米后做成苗畦，畦的大小依据地势和株行距而定，且利于灌溉。播前灌足底墒水，待地表示不黏时，浅耕一次，耙平即可播种。

目前生产上播种多用酸枣脱壳种仁，每亩播种2～4千克，一般采用条播，考虑到嫁接苗的管理，一般设计成宽窄行条播，宽行间距60厘米、窄行间距40厘米，呈两密一稀形式。播种深度3～4厘米左右，可采取手播、精细耧播或机械播种，种仁务须种在湿度较大较实的土层中。播种的关键是掌握土壤湿度、温度和种植的深度，既不能种得太深，也不能种得太浅，播后最好覆盖地膜。

出苗期应经常巡查出苗情况，将出苗处和地膜割开，放出幼苗，此项工作应在早、晚进行，避免中午高温时期进行。待小苗长至 2~4 个针叶时，即可间苗，使其均匀分布，苗高 10 厘米时进行定苗，定苗后的株距为 15~20 厘米，每亩育砧苗量 6666~8888 株。实生酸枣砧苗幼苗生长十分缓慢，不耐干旱，应加强田间管理，应根据适时浇水追肥，促进幼苗生长。苗高 15 厘米时，作第一次追肥，苗高 30 厘米时，作第二次追肥，肥后及时灌水。追肥时，在苗行一侧距苗 10 厘米处，挖 4~5 厘米深的施肥沟，施入速效肥料。每次亩施磷酸二铵 15 千克或等量其它氮素和磷素化肥。缺钾地区还需加入适量钾素肥料。每次施肥后灌水，灌水后松土除草，保持田间清洁无杂草。还要做好苗期病虫防治工作，酸枣苗圃易受枣锈病、红蜘蛛等病虫危害，要及时防治。

特别提示

目前生产上繁育枣树砧木苗，播种多用酸枣脱壳种仁，无须沙藏，出苗整齐。

36 怎样采集和保存接穗？（视频 9）

采集接穗应选品种纯正的健壮结果树或采穗圃，枝接用穗整个休眠期均可采集，以春季土壤解冻后至发芽前采集最好，此时接穗含水充足，易于保存。选成熟良好的一年生枣头枝或健壮二次枝剪成单芽小段，要求接穗芽体饱满，无病虫害。去除针刺，进行单芽全蜡封处理。蜡封时的关键是掌握蜡封时的温度和沾蜡的时间，温度过高容易烫伤接穗，温度过低，蜡层太厚，容易剥落，融化石蜡前先在锅里加一些水，用水融石蜡，温度不会超过 100 度，处理好的接穗应保存在冷凉、高湿的窑中或冷库中，并要加强温度、湿度管理，检查接穗有无腐烂和失水皱缩现象，贮期可达4~6月。

生长季芽接，接穗最好是随采随用，要剪取生长健壮，无病虫害，芽眼充实，已形成木质化组织的当年生枣头一次枝或二次，粗度在0.6厘米以上，剪去叶片留下叶柄，以减少失水，基部浸入水中防止萎蔫。夏季如采集接穗数量较多，可放入低温库或窖内，并用湿沙等物保湿。接穗远运，可将接穗剪成30厘米左右长的小段，随采随包。包装物用透气性好的麻袋、草包等物料，并于穗间填充洁净潮湿锯末，切忌用不透气的包装材料，也不能用易腐烂的碎草、稻麦颖壳作填料，运输中要防止失水干燥，也要防止不透气枝条发热。

特别提示

休眠期采集接穗以春季土壤解冻后至发芽前采集最好，采后进行单芽全蜡封处理。生长季芽接，接穗最好是随采随用。接穗远运，可将接穗放入透气性好的麻袋、草包等，并于穗间填充洁净潮湿锯末保水。

37 枣树常用哪些方法嫁接？（视频10）

枣树的嫁接方法很多，根据嫁接时期的不同，取材不同，在生产上有各种做法。简介几种如下。

劈接（图3-1） 也叫大接、土接（指接后理土而言），是枣树上常用的方法，整个休眠期均可进行，适用于较粗的砧木，接穗生长期长，幼苗生长快。劈最适宜时期是萌芽前后一段时间，为提高嫁接成活率，可在嫁接前1周左右灌1次透水，这在干旱地区和干旱年份尤为重要。

嫁接时，在砧木近地面处选择枝面平整的部位，截去上部，先将锯口或剪口断面用刀削平，以利愈合。然后从砧木断面中央向下劈一裂口(粗大的砧木可靠近边缘处劈口)长3~4厘米，劈口时不要用力过猛，可以把劈刀放在劈口处，轻轻地敲打刀背。接穗下端左右两侧各削一个斜面，呈楔形，长2~3厘米，要平直光滑。如砧木比接穗粗，接穗下端要成偏楔形，芽的正面厚，背面薄，有利于砧木的含夹；如砧木和接穗粗度一致，接穗可削成正楔形，不但有利于砧木含夹，而且两者接触面大，有利愈合。接穗削好后，轻轻插入劈口，把接穗形成层和砧木形成层对齐。接穗插好后，立即用塑料条把接口绑紧包严，不留有缝隙，以免接口失水或进水影响成活。绑缚时注意不要触动接穗。

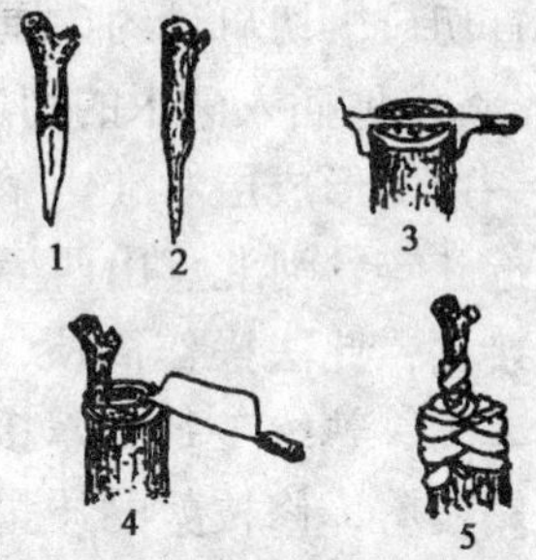

图3-1　劈接

1. 接穗削面　2. 接穗削面侧面　3. 劈开砧木　4. 插入　5. 绑严接口

切接(图3-2)　切接是常用的枝接方法，可在砧木不离皮时进行，适用于直径1~2厘米粗的砧木。先在接穗下端没有芽的一面，斜削2厘米左右的长削面，再在削面背面，削一长约0.5~1厘米的小斜面。砧木在离地面3~5厘米处剪断，在断面上选择树皮光滑、木质部纹理通顺部位，自外往里1/3~1/4处用劈接刀切

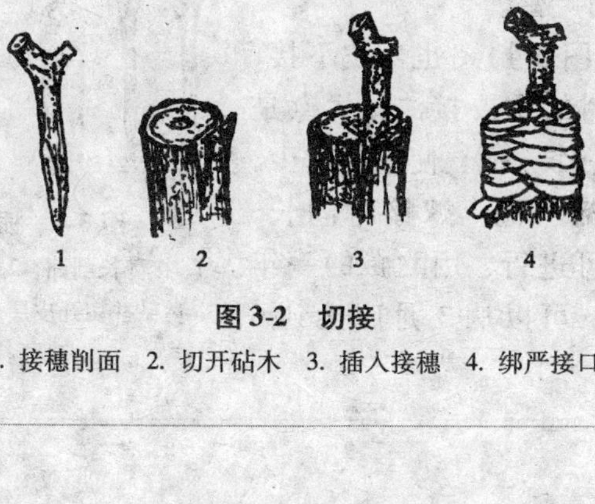

图3-2　切接

1. 接穗削面　2. 切开砧木　3. 插入接穗　4. 绑严接口

一垂直切口，切口长约2厘米(切口长度应与接穗的长斜面长度一致)。将接穗插入砧木的切口中，使接穗削面一侧的形成层和砧木切口一边的形成层对准、靠紧、绑缚紧密。

近几年，河北、山西等枣区总结出一套利用修枝剪嫁接枣树的切接法，此法操作简便，嫁接速度快、砧穗选择余地大、嫁接成活率高，熟练工每日嫁接量可达800～1000株。削接穗、劈砧均用修枝剪，修枝剪的质量对嫁接速度和成活率有重要影响，要求修枝剪开刃好、锋利、刀口不变形。

腹接(图3-3)　砧木在离地5～8厘米接芽处上部剪去，砧桩头留出0.2～0.3厘米，在剪口下斜切至砧干的2/3，掌握切削角度，切口不宜过深，切口过深则愈合困难，消耗营养多。

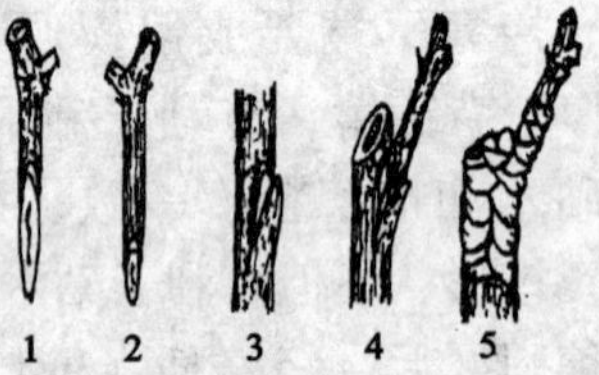

图3-3　腹接

1. 接穗长削面　2. 接穗短削面　3. 砧木接口　4. 插入接穗和剪砧　5. 绑严接口

把接穗削成一个长斜面，一个短斜面，长斜面与切口长度相同。将削好的接穗插入切口，长斜面向木质部，短斜面向皮、对准形成层。砧木与接穗的粗度相同时，形成层可两面对齐，愈合快；如果砧木与接穗粗度不同，对准一边的形成层即可。接穗插入切口后，用塑料条包封严密。

插皮接(图3-4)　也叫皮下接、袋接，是枣树的主要接法，优点是技术简单、操作方便、使用工具少，速度快，成活率高。嫁接时间长，砧木离皮就可进行，用贮藏的一年生枝作接穗，可以从3月底接到6月初。

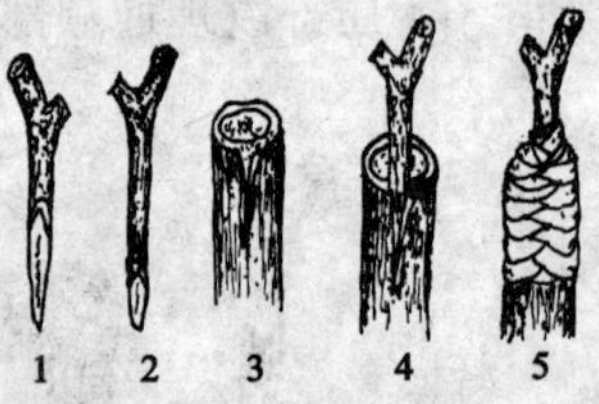

图3-4　插皮接

1. 接穗长削面　2. 接穗短削面　3. 剪砧并切开皮层　4. 插入接穗　5. 绑严接口

将接穗拿在左手，用食指将接穗托住，右手持刀削接穗。削时右手手腕不要晃动，右臂端平，以小臂向前推刀，将接穗下端削成较薄的单面舌状的大斜面，此斜面要求平、长、薄，斜面长度根据接穗粗度而定，一般 3 ~4 厘米。在大斜面的另一面削成 0.5 ~1 厘米的小斜面。接穗削好后，用切接刀将接口削平，然后切一竖口，深达木质部，切口长为大斜面长度的一半。枣树离皮时，即可用刀尖轻轻一拨，将树皮微微分开。离皮不好时，用撬子插入，将皮撬开。将接穗对准切口，大斜面向木质部，小斜面对皮层，慢慢插入。在插入时，左手按住竖切口，防止插偏或接穗插到外面，插至大斜面在砧木切口上微微露出为止。要使接穗与砧木接触良好，接穗绑紧，切口封严。

芽接(图 3-5) 采取芽子做接穗进行的嫁接方法都可称为芽接。枣树的芽接通常采用“T 字形带木质部芽接”，优点是嫁接时间长，从 4 月中旬到 9 月初，凡皮层能够剥离时均可进行；节省接穗；操作简便；成活率高。

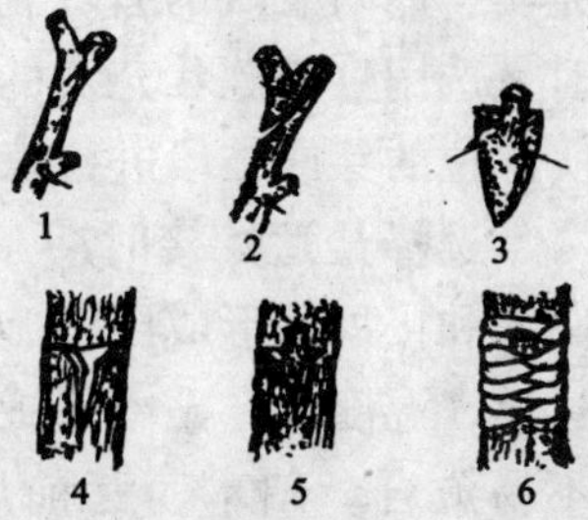

图 3-5 芽接

1. 接穗 2. 削取接芽 3. 取下带木质部芽片 4. 砧木 T 形切口 5. 插入接芽 6. 绑严接口

具体做法是：在芽上方 2 毫米处横切一刀，深 2 ~3 毫米，再从芽下 1.5 厘米处向上斜削，使芽长约 2 厘米宽 4 ~8 毫米，上平下尖，带木质部。砧木在距地面 10 厘米左右处，选平整的枝面，在皮层上切“T”形接口，横切长 0.6 ~1.0 厘米，纵切口长约 2 厘米，拨开纵切口，插入芽片，使芽片上部的切口与砧木横切口密接，接口用塑料膜捆绑包扎严密。也可采用倒“T”字接。一般接芽当年不前发，翌年枣树萌芽前，取下所缠塑料布条进行检查，如接芽已活，在芽上方 1.5 ~2 厘米处截干并清除主干上的二次枝。

特别提示

枣树的嫁接方法很多，各种做法均有较好的嫁接成活率，生产上嫁接时间多在砧木萌芽前后进行。

38 怎样提高枣树嫁接的成活率？

枣树嫁接成活主要是接穗、砧木双方的形成层和薄壁组织细胞一起分裂，形成愈伤组织，使接穗和砧木彼此长在一起。成为一株新的植株。提高嫁接成活的关键是：

选择优良砧木和接穗 砧木和接穗生长健壮，营养器官发育充实，体内贮藏的营养物质较多，嫁接就容易成活。因此，嫁接时宜选用生长健壮充实的枝条作接穗，在一根接穗上也应选用充实部位的芽或枝段进行嫁接。

选择最适嫁接时期 枣树嫁接成活率的高低与气温、土温及砧木和接穗的形成层细胞的活跃状态有着密切的关系。春季嫁接过早，温度低，砧木形成层刚开始活动，愈合组织增生慢，嫁接不易愈合。砧木萌芽前后，生长旺盛，愈合能力强，嫁接成活率高。

提高嫁接技术 嫁接技术的好坏直接影响接口切削的平滑程度与嫁接速度。如果削面不平滑隔膜形成较厚，突破不易，影响愈合。即使稍有愈合，发芽也晚，生长衰弱，以后还有从愈合部位脱裂的危险。嫁接速度快而熟练，可避免削面风干或养化变色，有较高的嫁接成活率。接穗蜡封，接口用塑料膜包紧包严，保持湿度，成活高。

特别提示

嫁接成活率与砧木和接穗质量、嫁接时期和嫁接技术关系密切。

39 怎样管理嫁接苗？

除萌 接后应及时抹去砧木萌发的所有嫩芽，使砧集中贮存养分，用于接口愈合和接芽生长。一般7～10天进行一次。不然会影响接口愈合速度、接芽生长量和降低成活率。

引扶 接芽长到30厘米时，应立柱扶绑，防止因风雨折断。

摘心 为培育优质壮苗，应适时摘心，当枣芽萌发生长到60～70厘米时进行枣头摘心，二次枝摘心，摘心能促进枣苗加粗生长，提高苗木质量和提高苗木越冬能力。

肥水管理 当嫁接苗长到20～30厘米时，每亩追施复合肥为10～15千克，并灌水。在嫁接苗整个生长季节中，应进行叶面追肥3～4次，喷施0.3%尿素和0.5%磷酸二氢钾混合液。

病虫防治 注意新稍生长时的病虫发生情况，及时防治枣瘿蚊、红蜘蛛、枣锈病等病虫害。

特别提示

培育优质枣苗，嫁接除萌、引扶、摘心、肥水管理、病虫防治一项都不能少。

40 怎样对枣苗进行分级？

根据中华人民共和国专业标准（ZZB64008－1988）《枣树丰产林》中苗木分级标准规定，枣苗分级指标如下（见表3-1）：

表 3-1 枣苗分级标准

级别	苗高(米)	地径(厘米)	根系状况
一级	1.2~1.5	1.5以上	根系发达，直径2毫米以上、长20厘米以上侧根6条以上
二级	1.0~1.2	1.0~1.2	根系发达，直径2毫米以上、长15厘米以上侧根6条以上
三级	0.8~1.0	0.8~1.0	根系发达，直径2毫米以上、长15厘米以上侧根4条以上

特别提示

枣树栽植成活率低的主要原因是苗木质量问题，枣树种植时应尽量选择一级苗木。

41 枣树起苗要注意什么问题?

起苗是优质枣苗培育管理的最后环节，起苗的好坏，直接关系到苗木质量和定植后的成活率。

随起随栽 在秋季或春季均可进行。在适宜春季栽植的地区北方如条件允许，最好是春季起苗，随起随栽，既可减少假植工序，又有较高栽植成活率。

灌起苗水 起苗前5~7天应浇一次透水，使苗木吸足水分，土壤松软，便于起苗，减少对根系的损伤，确保根系完好。

深挖保根 起苗时挖深30厘米，距干30厘米处切断侧根，保证挖出苗木侧根完整，长度在20厘米以上。切忌图快，损坏根系。

减少失水 起苗时最好选择阴天或无风的天气起苗，以减少苗木水分的散失。起苗后为了减少苗木水分的消耗，按用苗方定干的要求，多留出20厘米进行预备定干，上部二次枝留1~2芽剪掉。枣苗出土后，直径 2 毫米以下的细根裸露在空气中，不足 20 分钟便会干枯死亡。因此，起苗后应立即进行根部保湿处理，要随起苗、随沾泥浆、随包装、随假植，避免根系晾晒失水。

特别提示

枣树起苗时要尽量保证苗木根系健全，不伤根系。起苗后要立即蘸泥浆，包装时用湿草或潮湿锯末保护根系，然后用塑料薄膜包严。

42 怎样假植苗木?

苗木除秋季定植外，翌年春栽或外运的苗木，须进行假植，假植沟深 60 ~ 80 厘米，宽 1 米，长度不限。把枣苗成排斜放沟中，埋土，再放苗，再埋土，一排一排假植，务必使土和苗根密接，防止苗木失水。如假植沟土过干，应先浇水，待下渗后再行假植，也可将苗存于窖内或室内，把根部用湿沙或湿锯末覆严保湿，并经常检查，喷水保湿。

特别提示

苗木假植，要求一层苗，一层土，务必使土和苗根密接。

43 枣苗远途运输应注意哪些问题?

苗木质检分级　苗木挖起后，要按枣树苗木标准分级，并要求：品种纯正，不能混杂其他品种；无枣疯病和介壳虫等病虫害；地上部生长充实，主茎挺直，枝干根皮无机械损伤；嫁接苗接口愈合良好，愈合面超过接口面的 2/3 以上；根系发达，根蘖苗要有一段长 20 厘米以上的母根。

苗木保湿包装 短途运苗时，可用集装箱车或罩帆布篷车运苗，用卡车运苗，装苗后一定要用篷布覆盖严实，以防水分散失。枣苗运到目的地后，要立即栽植或假植，切忌风吹日晒，苗木失水，影响成活率。苗木长途运输时，要随起苗、随蘸泥浆、随包装，按枣苗等级进行分级、每50株枣苗包装成一捆，蘸泥浆后用塑料膜全包装，这样保湿效果很好。包内应放上标签，标明等级、株数、产地及出圃日期。苗木到达目的地后，应立即松包栽植或假植。

特别提示

随起苗、随蘸泥浆、随包装，苗木长途运输的关键是要保证苗木根系不失水。

4

枣园规划与建立

枣园规划是指根据枣园内土壤、气候、光照等条件大体一致的原则，划分若干小区，设计道路，便于运输和生产作业；规划排灌系统，防止枣园土壤受侵蚀和保持枣树正常生长；规划防护林，减轻枣园遭受风害；规划建筑物，包括办公室、贮藏室、农机房、选果棚、泵房、配药池等。规划占地面积比例分别为栽植区占地88.5%～90.5%；灌渠占地2%～2.5%；防护林占地2%～3%；建筑物占地1%～1.5%；道路占地2.5%；其它占地2%。

枣园的建立包括选择品种、确定栽植密度、挖定植穴(沟)、栽前苗木根系浸泡、石硫合剂消毒、生根粉处理根系、蘸泥浆栽植和栽植后灌水、覆膜、修剪、追肥与病虫防治等管理。

44 鲜枣无公害生产建园时应注意哪些问题?

交通方便 鲜枣不耐贮运，选择交通方便的地方建园，能有效地减少运输过程中的枣果损失，并减少枣果销售中的长途运输成本。

土壤肥沃 枣树耐瘠薄能力很强，但鲜枣品种一般要求较好的土壤条件、灌溉条件和光照条件。生长条件恶劣，难以达到鲜枣品质要求。

远离污染源 枣园所处环境的空气、灌溉水、土壤要经检测，有害物质要低于国家允许量的标准。鲜枣建园应远离城市、工矿企业、村庄以及车站、码头、公路等交通要道，避免有害物质污染。禁止任意使用城市垃圾、劣质肥料和不明成分含量的矿渣。及时清除果园内的农用塑料薄膜，避免进入土壤。

科学管理 实施枣无公害生产综合技术标准，合理密植，科学土肥水管理、修剪、不盲目追求产量，保持最佳的叶果比，保持树体健壮，减少病虫发生。采取措施，创造和改善良好的果园生产环境。提倡地面覆盖、间作作物或生草栽培，使枣园环境条件有利天敌的生存和繁殖。控制使用除草剂，增施有机肥，控制化肥使用，以改善土壤环境。

设置防护林 建设枣园防护林，可以减轻烟尘、粉尘等空气污染物，控制病虫害发生，降低风速，减少枣树枝叶与果实的摩擦，减少风灾落果，减轻树体冻害。

特别提示

鲜枣无公害生产，选择良好环境与科学管理是基础。

45 枣园选址对气候条件有哪些要求？

温度 温度对枣的生长发育影响较大，是外界环境中影响程度较强的因子，也是枣树引种的主要限制因素。枣树能忍耐40℃的高温，最低温度要求不低于－30℃，品种不同对≥10℃的活动积温达要求不同，气温13～14℃时开始萌芽，18～19℃时展叶抽梢和花芽分化，20～25℃时进入盛花期。

光照 光照是枣树进行光合作用、合成有机养分不可缺少的因素。枣为喜光树种，整个生育期都需要充足的阳光。光照充足时，树势强健，花芽分化良好，产量增加，果实色泽佳，含糖量高。在荫蔽条件下，则枝条徒长，挂果少，产量低，品质差。生产中要注意合理密植和树体结构良好。

水分 枣的根系发达，抗旱能力强，也耐涝，但忌干旱和积水。干旱不利于开花、坐果，果实发育期要避免土壤干旱，经常保持湿润有利于果实的膨大和减少后期果实裂果，前期干旱后期降雨，极易导致大量裂果。积水则影响植株的生长和发育，因而生育期应避免干旱和积水。

风 风是由空气流动而产生的，微风可以促进空气流动，改善空气温度和湿度等生态条件，还可以补充枣树叶周围的二氧化碳的浓度，加强光合作用的进行。但花期风大，影响枣园湿度，影响传粉昆虫活动，使授粉受精不良，降低坐果。枣果成熟期大风，会造成大量落果而减产。因此在建园时应考虑选择背风面，并营造防护林，以减轻风害。

特别提示

枣园冬季最低气温要高于－31℃，还要根据有效积温选择栽植品种，山地发展枣树要选向阳坡地和避开风口以减少枣果成熟时遇大风造成大量落果。

46 枣园选址对土壤条件有哪些要求？

枣树耐盐碱、耐瘠薄、抗旱、耐涝，但是建立优质、高产、稳产、无公害果园一般应具备以下土壤条件：

土层深厚 土层深厚才能为枣树生长发育提供充足的水分和养分。一般要求达到60厘米以上。

质地疏松 枣园土壤的质地关系到土壤的温度，通气性、透水性以及保水、保肥性能等。质地太砂的土壤，通气透水性好，而保水保肥性差，土壤升温快、土温高。相反，质地太黏的土壤，通气透水性差，而保水保肥性好，土壤升温慢、土温低。因此质地疏松的土壤，由于上述性能适中，最适合枣树根系生长和枣树的正常发育。

土壤肥沃 土壤有机质含量应不低于1.5%～2.0%。土壤有机质含量高，其相应的有效养分含量也较高，从而有利于枣树根系对养分的吸收利用，为枣树的生长和优质丰产创造一个良好的营养条件。

地下水位 地下水位要求常年低于1米，否则不利于枣树生长。

特别提示

枣树耐盐碱、耐瘠薄、抗旱、耐涝。在pH值为5.5～8.5的土壤上均可正常生长。沙质壤土对提高鲜食品种的品质有利。

47 枣园规划时怎样划分小区?

枣园小区是生产管理的基本单位，无公害枣树种植，一定要作好枣园的规划，枣园的规划时首先要作好种植小区的划分。种植小区的划分主要是为了生产管理方便和减少生产开支，小区划分不当，会给枣园管理造成很多困难。

首先，小区的划分要考虑园地的地形、土壤、气候等特点，同时还要与枣园的道路、防护林和水土保持工程相结合。

其次，划分小区时要注意各种植小区内土壤及气候条件基本一致，以使生产管理技术措施一致；有利于保持水土，防止枣园的水土流失土壤侵蚀；便于抵御枣园的自然灾害；便于作业，便于枣园灌溉、排水、运输和机械化作业。

第三，每个小区的面积和形状要根据果园规模的大小和地势条件而定，不可强求一致。地势平坦、土壤差异不大的果园，小区面积可大些，在地形、土质、光照等差异较大的山地、丘陵地上建园，小区面积宜小些，面积一般平地枣园为4～6公顷，山地、丘陵、河滩枣园为1～2公顷。小区的形状以长方形为宜，长、宽比为3～5∶1，这样作业方便。小区的设置方向，平地果园小区的长边，必须与地主风方向垂直；山地果园的小区长边，必须与等高线平行，以便于耕作和水土保持。

特别提示

小区划分不当，会给枣园管理造成很多困难。

48 怎样规划枣园道路？

枣园道路规划主要考虑作业方便，利于提高工作效率。枣园的道路系统由干路(主路)、支路、小路组成。干路是果园的主要道路，要求位置适中，贯穿全园，外与公路相通，内与果园各支路相连，并可以直通果园的主要建筑物，如管理用房、贮藏室、农具室、仓库等。干路要求宽度5～7米，筑路质量要好。支路作为小区与小区之间的分界线，与主路、小路相连，要求路宽3～5米。小路作为田间作业道，不必专门修筑，宽度一般为1～2米或更窄些。一般枣园内每8～10行树设一横向小作业道，株间每隔10～15株设上、下作业小路。其他设施，如配药点、包装场、蓄水池、积肥点等尽可能安排在干路和支路旁边。

特别提示

枣园主路位于枣园中部，贯穿全园，一般5～7米宽。支路垂直主路，是小区之间的分界线，宽3～5米。

49 怎样规划枣园排灌系统?

在进行枣园规划的时，必须因地制宜，作好灌溉和排水系统。

水源 在山地建园，可利用山区自然形成的泉水、溪流进行灌溉；如枣园周围无泉水，则应考虑在山下打井，引水上山。在江、河等天然水源附近的枣园，可在江河上修坝，提高水位，引水入园；也可以利用机械提水或水泵抽水。而枣园附近无水源且地下水位较低的地方，要修筑坑井或打管井，修蓄水池，抽水灌溉。

灌溉 枣园的灌溉系统包括干渠和支渠，设置时要与道路、防风林系统相结合，渠口位置尽量高些。并且干渠要短，以便节省用材和减少漏水；支渠可按小区设置，方向最好与道路一致，以便作业和运输。渠内水流速度要适宜，一般干渠的比降(单位渠长内的落差，以小数或千分数表示)以1:1000为宜，支渠比降一般为3:1000为好。有条件的果园，最好采用滴灌或微喷等方法，可大大节水省工，是今后果园灌溉的发展方向。

排水 枣园的排水系统与灌溉系统一样，在平地小区的边沿做支沟，由各支沟都向总排水干沟汇集，排出多余的水。丘陵、山地的等高壕沟可做集水沟，梯田的内侧可做排水沟，具有1～3:1000的比降，排、灌兼用。

特别提示

枣园要积极推广低压管道输水灌溉、滴灌、喷灌等节水栽培。

50 怎样规划枣园防风林?

枣园设置防风林系统，可以防风固沙，降低风速风害，调节园内温、湿度，减轻冻、霜害等。山地枣园和坡地枣园建立防护林，还有保持水土，减少地表径流，防止冲刷的作用。

主林带要与当地主风方向垂直，防风有效距离一般为树高的20~30倍。主林带一般栽植乔木不少于4行，灌木2~3行，林带之间距离为400~600米；在主林带垂直方向设副林带，林带应由乔木、灌木相配合组成。副林带栽植2~3行，带间距300~500米。小型枣园可只设环园林。

防护林树种的选择要求快速成林，同时应考虑增加收益，除栽植一般林木树种外，还可增加适应当地风土条件的果树、蜜源、绿肥、筐材等树种。

当防风林长到一定高度时，要在防风林带边缘挖沟断根，以免根系窜入果园。

特别提示

大中型枣园的防护林一般应规划主林带和副林带；小型果园可只造环园林带。

51 怎样确定枣树的栽植密度?

枣树的栽植密度要根据土肥水条件、光照条件、品种生长特性、生产管理水平和建园要求等多方面因素综合考虑确定。生产上确定枣树栽植密度时可参照表4-1。

表4-1 枣树栽植密度

项目	株行距(米)	亩栽植株数	适宜园地
枣粮间作	3~5×8~20	7~28	枣粮并重
普通枣园	3~4×4~6	28~56	管理水平较高
密植枣园	2~3×3~5	45~111	管理水平高
草地枣园	0.5~1×1~2	333~1333	特殊管理技术

特别提示

枣园密植早期产量高，生产管理水平要求高。

52 怎样确定枣树的栽植方式?

枣树的栽植方式应在确定栽植密度的前提下，结合经济利用土地，便于管理，以及当地自然条件和枣树品种的生物学特性来决定栽植方式。生产上确定枣树栽植方式时可参照表4-2。

表4-2 枣树栽植方式

栽植方式	特点	适宜园地
长方形栽植	行距大于株距，通风透光良好，便于机械操作。	平原
正方形栽植	行距株距相等，通风透光良好，便于机械操作。不利间作。	平原
三角形栽植	株距大于行距，各行互相错开呈三角形排列。单位面积栽植株数多。不便管理和机械操作。	山地丘陵
带状栽植	两行为一带，带距为行距的3～4倍。带内较密，群体抗逆性较强。单位面积栽植株数少。	枣粮间作
等高栽植	适于梯田、撩壕采用。	山地丘陵

特别提示

枣树的栽植方式平原地区以长方形栽植为主，山地为等高栽植。

53 怎样确定枣树的栽植时期?

枣树和其它落叶果树一样，春秋季均可栽植，但栽植最适时间，应根据当地自然条件而确定。

春栽 在无霜期短，秋季干旱多风的地区，宜春栽。在北纬

40 度以北的地区。冬季严寒多风，秋栽容易引起枝条生理干旱抽条失水，只能春栽，春栽一般在土壤解冻后至萌芽期进行，适当晚栽可减轻栽后浇水保墒等管理工作，还能提高成活率。若因需要必须早栽植，应给树苗套塑料袋，以减少树干失水，待枣树发芽后再去掉塑料袋。

枣树萌芽时栽植最易成活，此时土壤温度较高，枣树液已开始流动，树体开始生长，受伤根系容易恢复再生，地下部营养及时运输到地上部，易于成活。故农谚有“柳栽棒锤枣栽芽”的说法。当枣芽露出 1 厘米时移栽最为适宜。

秋栽 秋季多雨，春季干旱多风地区，提倡秋栽，因这时期水分充足，地温高有利于伤口愈合和根系恢复，翌年有助于苗木成活与生长。秋栽自枣苗落叶后即可进行，以早栽为宜。我国南方多以秋栽为好。

夏栽 或称雨季栽，夏季多雨地区，可行雨季栽，雨季栽对无灌溉条件的山区丘陵地带具有特别重要的意义。

特别提示

“柳栽棒锤枣栽芽”，枣树萌芽期栽植成活率最高。

54 怎样进行枣树栽植前的定点挖穴？

枣树栽植前应根据确定的栽植密度与方式，用标杆、测绳、白灰标好定植点，并在定植点上挖栽植穴，若条件允许，秋栽可在夏季挖穴，春栽可在秋季挖穴，以利于穴土熟化。一般穴深 80 厘米 ×80 厘米，挖时表土和底土要分别放置。密植时可直接挖定植沟，沟深和宽一般为 80 厘米 ×80 厘米，长度依具体情况而定，将表土和心土分放两边，然后将有机肥与表土拌匀后回填，先填表土，后填心土，然后灌水，沉土增加土壤水分，待水后 2 ~ 3 天土壤不沾时就可进行定植。

山地和坡地果园土层较薄而土下为岩石的地区，可采用炸药爆破。定植穴的大小，应根据具体情况而定，大坑有利枣树生长，小坑限制生长，有条件时宜挖大坑。风沙大的地区，大坑不利保墒，宜小坑栽植。下层具有卵石层的土壤中，必需客土，然后栽树。

特别提示

定植穴(沟)内挖出的表土放在一侧，心土堆放在另一侧。回填时定植穴下部回填表土，上部回填心土。

55 怎样进行枣树栽植?

栽前应将苗木根部劈裂、断处剪平，然后对根系进行催根处理，浸泡生根粉(ABT)后苗木成活率高，发根早，发根大，根系健壮，苗木生长迅速，可缩短缓苗期。如苗木失水较多可先放入清水中浸泡几小时到十几小时，待苗木充分吸水恢复后，再做生根粉处理。

栽植时应将苗木放入定植穴内，前后左右对齐，校正位置，栽时最好三人一组，一人扶苗，二人埋土，边埋土，边踩实。随埋、随踩，随将苗木稍稍上下提动，使根系与土壤密接，栽植深度要求在浇水塌实后苗木的栽植深度正好为苗木在苗圃的生长深度，一般从苗木上可以看出起苗时的深度痕迹，过深则不利缓苗，树势弱，过浅固地性差，易遭干旱。在地下水位高、雨水多的地区，栽植应浅些，并在行上封成拱形保护埂。若在山地、丘陵等干旱地区栽植，坑应挖大挖深，栽后留一定深的凹形水盘，供蓄水或浇水用。若是自育苗或有条件时最好带土移栽。带土移栽成活率高，树势恢复快。栽植灌水后，以定植点为中心覆盖1~1.5

平方米的地膜，地膜要用土压实，以防大风吹开。

特别提示

栽植枣苗的根茎处应与地面持平，过深则不利缓苗，树势弱，过浅固地性差，易遭干旱。

56 哪些原因造成枣树的成活率低?

栽前苗木水分损失过多　栽前苗木水分损失，主要是从起苗到移栽前的各个环节，未注意保持苗木水分而造成。起苗时，遇大风或气温较高的晴天起苗，水分丢失快；起苗、蘸泥浆、打捆、堆集等时间过长；运输中、栽前贮存时未加覆盖，裸露时间过长；栽前未及时补充水分，从外地调来的枣树苗，栽前浸水1~3天，可提高栽植成活率。

苗木质量不高　苗木粗壮、根系发育好、有3~5条侧根的枣苗，根系发育好，吸收功能强，缓苗期短，抗逆性强，所以成活率高；反之，根系发育不好，没侧根或侧根少于3条的枣苗，吸收功能弱，干旱缺墒时，迟迟不发芽，最后干枯死亡，或先发芽而后回芽死亡，造成成活率低。

浇水不及时　在干旱地区栽枣苗，由于栽苗后回填土未踏实，而又不能及时浇水的，苗木成活率则低。

枣树树盘小　在干旱的年份，枣粮间作，如春季在油菜、小麦地里栽种枣苗，树盘只留40~50厘米方圆的，栽植成活率极低，因树盘留的小的枣苗，在干旱缺墒的情况下，间作物与枣苗相互争夺水分，吸收功能较差的枣苗，生长受到的影响则较大。

未定干或定干过长　在栽后长期干旱的情况下，未定干和定干较高的枣苗，因地上部蒸发面积大，水分损失快而多，因此，成活率低。

枣苗存放时间过长 从起苗到栽植这段时间内，中间相隔时间越短，成活率过高；反之，时间越长，成活率越低。

栽植时间选择不当 秋栽枣苗越冬时间长，水分损失多，成活率就低。在春季栽枣苗可以避免冬栽的不利因素，显著提高栽植成活率。

不良的气象条件 受干旱、大风、强蒸发、长日照等不良气象条件的影响，在浇水充足的新建枣园，新栽枣苗地上部也会出现水分缺乏，迟迟不发芽，有的发芽后，变成"僵"苗等现象。

特别提示

枣树栽后成活率低的最主要原因是苗木根系失水。

57 怎样提高枣树栽植的成活率?

防止苗木水分过多损失 为了防止苗木水分过多的损失，起苗前苗圃要浇足水，使苗木吸足水分，又便于起苗，减少对根系的损伤。选择无风的天气(最好是阴天)起苗，可极大地减少苗木水分的散失。起苗后为了减少苗木水分的消耗，预留出 20 厘米进行及时的预备定干。将预备定干后的枣苗，50 左右捆成一捆，用 2% ~3% 的土壤保水剂泥浆或 500 倍甲基托布津泥浆蘸根，尔后用塑料膜将苗木全部包严。包装好的苗木，要在背阴背风的地方，用篷布覆盖暂存。未用塑料薄膜等包装的苗木，盖篷布前要向苗木上淋水，以防苗木风干。运苗时，用集装箱车或罩帆布篷车运苗最好。如条件不具备，用卡车运苗，装苗后一定要用篷布覆盖严实，以防水分散失。要有计划地调苗起苗，尽量缩短苗木存放时间。

培育高质量苗木 育苗时一要控制苗木的密度，每亩产苗 5000 株左右为宜；二要加强苗圃水肥管理，做到壮苗出圃。嫁接部位以上 10 厘米处粗度应达到 0.8 厘米以上。苗木完好的根系，是枣苗成活、早发、快长的关键，在育苗时，可在酸枣苗 2 ~3 片真叶时，采取移栽或切断主根，促其侧根发育。起苗时，尽量挖大坑、挖深，保证根系完好。

及时灌水与覆膜 在干旱缺墒的前提下，要随栽树随挖坑，栽树时回填的土要踏实，这样既可以节省用水，又可以使枣苗根系与土壤紧密结合。栽后要及时浇灌，待水渗下去以后要及时覆盖地膜，提高地温，促其根系生长和提早发芽，确保成活。

留足树盘 在油菜、小麦等越冬作物地里栽种枣时，一定要留足树盘或种植带。树盘和种植带至少应留出 100 ~150 厘米^2 的空间。施入的有机肥一定要经过充分腐熟，否则易烧伤根系。

及时并合理定干 及时定干是在起苗时定，合理定干是根据栽植时的浇水条件，决定定干的高度。一般来说。浇水条件好的，定干高度为 60 ~70 厘米为宜；浇水条件一般的，定干高度以 40 ~50 厘米为宜；浇水条件差的，定干以 20 ~30 厘米为宜。

选择合适的栽植时间 春季萌芽前后栽植成活率最高。不要栽植过浅，要加强栽后管理。

保证水分需要 水利条件差的地区大面积栽种枣树时，应提前修建供水工程，栽植时浇足水外，在缓苗、生长期间遇到干旱，也应及时浇水补墒。

特别提示

培育高质量苗木、壮苗出圃和防止苗木过多失水是提高枣树栽植的成活率的关键。

58 怎样进行枣树栽后管理?

灌水 苗木栽植后，应立即灌足定根水，使根与土紧密结合，灌水后待地表不黏时及时中耕松土保墒，并提高土壤温度和透气性，促使苗木尽快发根，缩短缓苗期，待10～15天后，视土壤墒情再行第二次灌水、中耕。以后视土壤墒情及时灌水。无灌溉条件的地方要保证每株1桶水，可待水渗完后进行覆土保苗做树木盘。

覆膜 苗木栽植灌水后，立即在树盘铺覆地膜。覆膜投资不大，效果极佳。第一，可节水、节电，保墒效果好，因而减少灌水次数。第二，覆膜后能显著提高地温，有利于根系恢复生机，使苗木发根早、生长快，苗木栽后覆膜，生长量显著高于不覆膜者。第三，覆膜后既可减少中耕松土活茬，又抑制了杂草生长，省工省力。

修剪 苗木栽后应及时定干、抹芽、除根蘖。

追肥 当苗木新梢长到10～15厘米时，应结合灌水追施速效氮肥，每亩每次10～20千克为宜。也可雨前开沟抢追化肥。在根部追肥的同时，每隔10～15天还应搞叶面喷肥。用0.4%尿素、0.3%磷酸二氢钾，叶面喷肥也可结合打药进行。

病虫害防治 应特别注意金龟子、毛虫类食芽食叶，降低树势及影响成活。也应注意枣瘿蚊等虫害及病害，及时检查及时发现及时防治。以保证叶片的完整和树体的正常生长。

特别提示

栽后管理非常重要，包括灌水、覆膜、修剪、追肥和病虫害防治等技术措施要严格到位。

5

枣园的土肥水管理

枣树在生长发育过程中，通过根系不断从土壤中吸收养分、水分，供给树体生长。因此，在枣园管理中必须创造有利于根系生长的土壤环境，增强根系的吸收能力，才能及时供给树体需要的养分和水分。枣树要达到早产、丰产、稳产、优质的目的，就必须加强枣园土肥水管理，不断提高土壤肥力。为枣树根系生长和分布创造有利的条件。同时，要进行合理的耕作，改善土壤结构，增强根系的活动，保证树体的健壮生长。为早结果、早丰产打下良好的基础。

59 枣园的土壤管理主要有哪些做法?

枣树生长发育所需的养分和水分主要是通过根系从土壤中吸收，土层厚薄、土壤质地、土壤肥力均对枣树的生长和结果有重要影响。因此，土壤管理是枣树营养供给的基础，加强土壤管理，才能从根本上改变枣树的营养条件，提高产量。枣园土壤管理包括土壤改良、水土保持、土壤深翻、土壤翻耕、中耕除草、土壤覆盖、枣园生草、枣园间作等。

特别提示

加强土壤管理，给枣树根系提供良好的生长环境，是实现枣树早果早丰的重要前提。

60 枣园土壤深翻如何进行?

枣园土壤深翻可改善土壤结构和理化性状，对枣树生长有明显的促进作用，可提高产量和改善品质。枣园深翻可加深土壤耕作层，给根系生长创造了良好条件；枣园深翻，使树体生长良好、健壮，深翻结合增施有机肥则效果更为显著；枣园深翻提高了根系的吸收能力，加强地上部养分同化作用，促进树体生长，花芽形成，提高产量。

深翻时期 枣园深翻一年四季均可进行，但应根据树龄、劳力、气候情况以及有无灌水条件等具体情况适时进行。

春季深翻应在土壤解冻后及早进行，此时根系刚开始活动，生长较缓慢，伤根后容易愈合，有利于新根萌发。北方多春旱，翻后需及时灌水。早春风大干旱缺水和寒冷地区，不宜春翻。

夏季深翻应在根系前期生长高峰过后，北方雨季来临前后进行。夏季深翻伤根容易愈合，但如果伤根过多，易引起落果，故一般结果多的大树不宜在夏季深翻。

秋季深翻一般在果实采收前后结合秋施基肥进行。此时地上部生长较慢，养分开始积累；深翻后正值根系秋季生长高峰，伤口容易愈合，并可长出新根，有利根系生长。因此秋季是果冬季深翻在入冬后至土壤上冻前进行，翻后应及时灌水。北方寒冷地区一般不进行冬翻。

深翻深度 深翻深度以枣树主要根系分布层稍深为度，一般要求达到80～100厘米。

深翻方式 深翻方式根据树龄、栽培方式等具体情况采用不同做法。

一是幼树定植后，逐年向外深翻扩大栽植穴，称深翻扩穴，也叫放树窝子。至株行间全部翻遍为止，每次深翻可结合施基肥。

二是成行栽植的枣园每年深翻树行的一侧，称作隔行深翻。较一次全部深翻伤根少，对枣树生育的影响较小，行间深翻便于机械化操作。

三是将栽植穴以外的土壤一次深翻完毕，称全园深翻。这种方法一次动土量大，需劳力较多，但翻后便于平整土地，有利果园耕作。

特别提示

枣园土壤深翻是改良土壤的重要的技术措施之一。如果土壤多年不翻耕，则透气不良，理化性质差，根系发育受抑制，造成树势衰弱。

61 枣园土壤翻耕如何进行?

枣园土壤耕翻可疏松土壤，改良土壤理化性质，有利于枣树根系的生长和对土壤水分养分的吸收。土壤耕翻不同于土壤深翻，深度一般在15~30厘米。耕翻可在秋季、春季或夏季进行。

秋季耕翻 秋耕可松土保墒，有利雪水下渗。秋耕一般比未秋耕的土壤含水量高3%~7%；可铲除宿根性杂草和枣树的根蘖，减少养分消耗；还可消灭地下害虫等。北方秋耕时期，一般在新梢停止生长或果实采收前后进行。耕后耙平，松土保墒；耕后不耙，可促进水分蒸发，使土壤通气状况良好，还可防止返碱。

春季耕翻 在土壤解冻后及时进行，可减少土壤水分蒸发。耕后要耙平，风多地区还需镇压保墒。春耕应较秋耕为浅，在春季风大少雨地区，不宜进行春耕。

夏季耕翻 在夏季杂草繁茂、根蘖旺长，耕后可节省树体营养，增加土壤有机质，提高土壤肥力。

特别提示

在枣园土壤条件较好或深翻有困难的地方，可进行土壤翻耕。其方法有人工翻耕和机械翻耕。翻耕时，不宜伤根过多，尤其是粗度1厘米以上的根。

62 枣园中耕除草如何进行?

中耕除草可疏松土壤，消除土壤板结，增强土壤的透气性，改善土壤理化性质，并能切断地表土壤毛细管，减少水分蒸发，起到蓄水保墒的作用，既保持了地面疏松干燥，减少植株周围空气相对湿度，减少发病机会，又可保持地表以下有一定的水分含量，促进根系生长。中耕还以提高辐射热量，促进枣果着色，提高果实品质。

中耕的次数可根据气候、土壤和杂草多少而定。灌溉后或雨水多时，土壤板结，杂草滋生，应勤中耕除草；天气干旱或土质黏重的，应多中耕；雨后或灌水后为避免土壤板结，需待土壤稍干后再进行中耕；在杂草出苗期和结籽前进行除草效果较好，能消灭大量杂草，减少除草次数。中耕的深度，一般5~10厘米。

特别提示

枣园中耕除草，深度5~10厘米，可以疏松土壤，保湿、保温、抑制杂草生长。

63 枣园怎样进行化学除草?

化学除草主要指利用除草剂防除杂草。即将药液喷撒在地面或杂草上除草。方法简单易行，效果良好，投资少，见效快，效果好，省工省力，减轻病虫害，提高果实产量和质量。

除草剂种类不同，灭草方式不一样。一般选择广普性除草剂草甘膦、克芜踪等，每年用药 1 至 2 次可基本上根除。喷撒除草剂后杂草死亡的快慢，除与药剂种类、浓度有关外，还与杂草种类、物候期，以及土壤、气候条件等有关系。使用除草剂时，主要针对枣园主要杂草种类选用，喷撒除草剂之前，应先做小型试验，然后再大面积应用。

北方地区枣园化学除草一年进行 2 次，一次是 4 月下旬至 5 月上旬，一次是 6 月底至 7 月初。春季除多年生禾本科宿根杂草，每亩可用 10% 草甘膦 0.5 至 1.5 千克，加水 40 至 60 千克喷雾(用机动喷雾器时可适当增加用水量)。6 月底至 7 月初，杂草旺长时，可选用 20% 克芜踪水剂，每亩 150 毫升，加水 40 至 60 千克喷雾，作茎叶处理，可取得良好效果。一般在杂草高 15 厘米以下时喷药或进行土壤处理，可取得较好效果。

除草剂用量不得随意增加或减少。喷洒要均匀，不重喷不漏喷，不要触及树体叶和芽。为提高药效，可加 0.1% ~0.2% 的洗衣粉。选择晴天、无风时喷药，杂草叶面干爽，有利于吸收药液。

特别提示

化学除草可有效地抑制杂草，减少用工，投资少，见效快，效果好。雨季坡地利用除草剂灭草，还可避免中耕除草造成的水土流失。

64 土壤管理采用清耕法有何好处与不足?

清耕法即在枣园内不种其他作物，经常耕耘，枣园通风透光，以农业防治法控制病虫害效果较好，技术简易，物力投入小。清耕法使土壤保持疏松和无杂草状态。一般在秋季深耕，春夏季进行多次中耕，使土壤保持疏松通气，促进微生物繁殖和有机物氧化分解，短期内可显著地增加土壤有机态氮素。耕锄松土，能起到除草、保肥、保水作用。但长期采用清耕法，果树害虫天敌少，表层水土肥易流失，土壤有机质迅速减少，表层以下有一个坚硬的“犁底层”，影响通气和渗水。还会使土壤结构受到破坏，影响果树的生长发育。清耕管理，劳力投人多，劳动强度大。

特别提示

枣园清耕土壤疏松，除草、保肥、保水。但枣园长期清耕，害虫天敌少，表层水土肥易流失，“犁底层”使土壤结构受破坏，且劳动强度大。

65 土壤管理采用免耕法有何好处与不足?

免耕法，又叫最少耕作法。主要利用除草剂防除杂草，土壤不进行耕作。

免耕法可保持土壤自然结构，土壤容重、孔隙度、有机质、酸碱度状况良好。可节省劳力，降低成本。免耕法管理的地表面易形成一层硬壳，这层硬壳在干旱气候条件下变成龟裂块，在湿润条件下长一层青苔。但在表层形成的硬壳并不向深层发展，故免耕果园能维持土壤自然结构。

实施免耕法要求土壤肥力高，尤其是土壤有机质含量要高，因为免耕条件下土壤有机质含量下降得很快。土壤肥力若低，则对人工施肥的依赖性大。

特别提示

免耕枣园能维持土壤自然结构，但土壤有机质含量下降得很快，实施免耕法要求土壤有机质含量要高。

66 土壤管理采用生草法有何好处与不足？

生草法指全园或除树盘外，在果树行间播种禾本科、豆科等草种的土壤管理方法。其优点如下：

保持水土 生草法在土层较深厚，水土易流失的枣园，可减少土壤冲刷，能显著地保持水土肥不流失，尤其是山坡地、河滩沙荒地，效果更突出。

增加有机质 生草法遗留在土壤中的根部和每年的几次刈割，覆于地面，可有效地补充土壤有机质，改善土壤结构，提高土壤肥力。

恒定地温 生草法年较好地缓和土壤表层温度的季节变化与昼夜变化，有利于枣树根系的生长和吸收。土壤生草夏季可明显降低地温，冬季减少冻土层深度。

有利作业 生草条件下，即使在雨中、雨后，在黏重土壤枣园，机械或人力可随时作业。

生态条件良好 生草园害虫天敌的种群多、数量大，可增强天敌控制病虫害发生的能力，减少人工控制病虫害的劳力和物力投入，减少农药对果园环境的污染，有利于生产无公害枣。

减轻灾害 在雨季草类可消耗掉大量的土壤中的水分，减轻裂果和落果损失，促进果实成熟着色和枝条充实，提高果实品质。

节省人力物力 生草法比清耕法、覆盖法土壤管理省工，可较大幅度地降低生产成本。

生草法的不足是：草根系强大，且在土壤上层分布密度大，截取渗透水分，并消耗表土层氮素，因而导致果树根系上浮，与果树争夺水肥的矛盾加大，因此要加以控制。

特别提示

生草枣园生态条件良好，害虫天敌的种群多、数量大，可增强天敌控制病虫害发生的能力。生草法的不足是与枣树争夺水肥。

67 枣园土壤覆盖法有哪些好处？如何进行？

覆盖法是利用各种材料对枣园全部或部分面积进行覆盖。好处是防止水土流失，抑制杂草生长，减少蒸发，防止返碱，土壤保墒，缩小地温季节和昼夜变化幅度，增加有效态养分和有机质含量、改善树冠内光照状况等。所用的覆盖物包括：

覆膜 抑制土壤水分蒸发，提高地温，抑制杂草，改善光照，减轻病虫害。

覆草 在树冠下或稍远处覆以杂草、秸秆等。可防止杂草，保墒，增加土壤有机质，提高土壤肥力，使土壤结构良好，盐害减轻。

砂石覆盖 我国西北地区，如河西走廊的农田，包括果园有用砂、石覆盖的传统。其目的主要是保墒，也有使土壤积温增加的效果，这在干旱和半干旱地区、年积温低的地区，是非常有意义的。

特别提示

枣园土壤覆盖包括覆地膜、覆草、覆盖砂石。好处是抑制杂草，减少土壤蒸发，保持土壤恒温等。覆盖干草时要注意防火。

68 土壤清耕覆盖法有何些好处？如何进行？

清耕覆盖法是在枣树需肥水最多的生长前期保持清耕，后期或雨季间作，以吸收利用土壤中过多的水肥，保蓄水分和养分，并可防止水土流失，待间作物成长后，适时割刈覆盖或沤制肥料或翻入土壤作绿肥，增加土壤有机质，清耕覆盖法是一种较好的土壤管理方法，结合了清耕、生草、覆盖三者的优点，在一定程度上弥补了三者的不足。

特别提示

清耕覆盖法是一种较好的土壤管理方法，结合了清耕、生草、覆盖三者的优点。

69 枣园树下培土掺沙有何好处？如何进行？

枣园树下培土与掺沙是一种改良土壤的方法，可增厚土层、保护根系、增加营养、改良土壤结构。

培土工作应每年进行，土质黏重的应培含沙质较多的疏松肥土，含沙质多的可培塘泥、河泥等较黏重的肥土。培土量视植株大小、土源、劳力等条件而定，一次培土不宜太厚，一般为5～10厘米，以免影响根系生长。培土掺沙的时期，北方寒冷地区一般在晚秋初冬进行，可起保温防冻、积雪保墒的作用；也可夏季结合除草与排水进行。

特别提示

枣园培土掺沙是一种改良土壤的方法，可在夏季结合除草与排水进行。

70 枣粮间作模式有哪些好处?

增加收入 枣粮间作可以提高单位土地面积的经济效益。山西省临猗县枣树研究所的“枣粮间作高效示范园”面积10公顷，行距5~6米，南北行向，株距1.5米，行间种植小麦。园内梨枣占1/3，小麦占2/3。1991~1996年，经5年科学试验，枣麦间作的经济效益是当地纯种小麦亩产值的12倍。山西洪洞双昌乡双昌村枣林间作小麦和绿豆，大面积的粮枣间作可增加收入近1倍。

减轻干热风危害 枣粮间作模式，不但提高了农民的收入，而且对减轻干热风危害有明显的作用，实现了经济效益和生态效益双赢。枣粮林网的建立，形成了当地良好的农田小气候。据山西农民报报道，气象部门在洪洞县1万公顷的枣粮间作林网观测，对5级以上强气流有明显的阻挡作用，一般可降低风速1~2级。在5~9月，枣粮间作比一般未栽枣树的农田可降低气温1~3℃，提高空气湿度2.3%，并可减少田间蒸发量3%~10%，对制止或减轻干热风有明显的作用。由于树冠遮荫，降低麦田温度，增加田间湿度，降低风速，减少干热风危害程度，从而有利于小麦的正常成熟，另外，小麦与枣树对水肥需要高峰期正好错开，小麦在拔节到扬花期需大量肥水时，枣树需要肥水的高峰期尚未到来，待到枣树开花坐果需要大量肥水时，小麦已经接近成熟，基本上停止对肥水吸收。实践证明：小麦与枣树进行间作，在同样水肥管理条件下，其产量和质量不低于纯麦田。

充分利用肥水 枣树与间作物生长存在时间差，可充分利用肥水资源。枣树发芽晚、落叶早、年生长期比较短，一般在4月中旬发芽，10月中、下旬落叶，而小麦则是9月下旬播种，翌年6月上旬收获，枣树与小麦的共生期约80~90天左右。5月中旬至6月上旬是小麦扬花、灌浆至成熟期，以吸收磷、钾肥为主，氮肥为辅。而枣树正是花芽分化和枝叶生长期，以吸收氮肥为主，磷、钾肥为辅。6月上旬枣树进入开花坐果期，需肥处于高峰期，小麦则开始收获。而刚刚播种的豆类、谷子等作物，尚处于出苗期，需肥量较小，一般不影响枣树的开花坐果。9月中、下旬枣树采收后，为贮备营养物质，枣叶需磷、钾肥数量上升，但小麦尚处在出苗期，对磷、钾肥吸收量较小，而且小麦播种前又施足了底肥，故此枣树与间作物肥水矛盾不大，可充分利用肥水资源。

枣树与间作物根系在土壤中存在分布差，可提高肥水利用率。枣树根系集中分布在树冠内30~70厘米土层内，占根系总量的65%~75%，树冠外围根系分布稀疏，密度小，而间作物的根系则集中分布在0~20厘米的耕层内。枣树主要是吸收30厘米以下深土层肥水，且以树冠内为主。而间作物主要吸收20厘米内耕层的肥水，以树冠外为主。因此，枣粮间作比大田可提高肥水利用率。

合理利用光照 枣树树冠矮化，枝疏叶小，遮光量小，透光率大，基本上不影响间作物对光照强度和采光量的要求。枣麦间作时，小麦从返青到拔节期，要求一定的光照强度、采光量，而此时枣树刚刚萌发不久，基本上不影响小麦的光照。5月上旬至6月初，小麦进入抽穗、扬花、灌浆成熟期，要求光照强度和采光量，仅为全光照的25%~30%，此时枣树枝叶虽然已经进入速长期，但也可以满足小麦此期对光照的要求。枣与谷或豆类间作。谷子、豆类是光饱和点较低的耐荫作物，与枣间作，有利于其对光照的要求。

特别提示

枣粮间作模式，枣树通风透光条件良好，病虫害危害轻，管理成本降低，枣果品质好，并可兼得间作物之收益，经济效益高。

71 枣粮间作的技术要点有哪些?

掌握适当的栽植密度 行距大小对空气温度、湿度、光照和风速都有明显的影响，也是影响枣粮产量的重要因素。因此，要根据栽培目的，因地制宜，统筹安排。以枣为主的行距6米为好，以粮为主的行距15米为好，枣粮兼顾的行距8米为好。

选择适宜的栽植行向 一般以南北行向栽植枣树为好，同时也要因地制宜，灵活掌握。南北行向栽植枣树，冠下受光时间较均匀，日采光量也大于东西行向的日采光量。

适当控制枣树高度 树体高度与接受直射光量多少有一定关系。为了提高光能利用率和经济效益，树体高度应控制在6米以下，所以定干高度应在1～1.5米为宜。

保持树体通风透光 树冠郁闭，枝条拥挤，通风透光不良，结果部位外移，坐果率下降，并且加重了对间作物的影响。因此，要科学修剪，保持树体枝叶稀疏，通透性良好。有利于结果，有利于间作物生长。

合理配植间作物 选择适宜间作物进行合理的配植，间作物要与枣树物候期相互错开，植株矮小，耐荫性强，生长期短，成熟期早。麦类作物植株小，根系分布浅，且物候期与枣树物候期相互交错，是枣粮间作理想的作物。豆类作物植株矮小，耐阴性强，生长期短，成熟又早。而且有自行固氮作用，是与枣树实行间作较好的作物。杂粮类包括玉米、谷子、芝麻、花生和棉花等，都可和枣树间作。但必须搞好合理布局和配植，因为这些作物都是喜光作物，与枣树间作时，在靠近枣树的一侧，先播种几行豆类作物，然后再播种谷子、玉米、芝麻、棉花等。采取科学合理的配植组合，既有利于通风透光，满足间作物对光照强度、采光量的要求，又有利于缓解枣树与间作物需肥、需水、需光的矛盾。同时，种植作物的多样性还不利于病虫害的发生和有利于病虫害的防治。

特别提示

枣粮间作的关键技术，就是调节好枣树与间作物之间需肥、需水、需光的矛盾，以达到枣粮的互惠、互利，实现枣粮双丰产。

72 鲜枣无公害生产允许使用哪些农家肥?

肥料的正确使用，是鲜枣无公害生产的关键环节之一，应引起足够的重视。枣树施肥的目的是补充枣树发育各阶段中营养的需要，并调节各种营养元素的平衡。按中华人民共和国农业行业标准 NY/T 394－2000，农家肥料指就地取材、就地使用的各种有机肥料。它由含有大量生物物质、动植物残体、排泄物、生物废物等积制而成。其特点是来源广，潜力大，养分完全，肥效期长而稳定，属迟效性肥料。农家肥施后能改良土壤，提高土壤肥力，是鲜枣无公害生产的主要用肥。其包括堆肥、沤肥、厩肥、沼气肥、绿肥、作物秸秆肥、泥肥、饼肥等。

堆肥 以各类秸秆、落叶、山青、湖草为主要原料，并与人畜粪便和少量泥土混合堆制，经好气微生物分解而成的一类有机肥料。

沤肥 所用物料与堆肥基本相同，只是在淹水条件下，经微生物嫌气发酵而成的一类有机肥料。

厩肥 以猪、牛、马、羊、鸡、鸭等畜禽的粪尿为主与秸秆等垫料堆积，并经微生物作用而成的一类有机肥料。

沼气肥 在密封的沼气池中，有机物在嫌气条件下经微生物发酵制取沼气后的副产物。主要由沼气水肥和沼气渣肥两部分组成。

绿肥 以新鲜植物体就地翻压、异地施用或经沤、堆后而成的肥料。主要分为豆科绿肥和非豆科绿肥两大类。

作物秸秆肥 以麦秸、稻草、玉米秸、豆秸、油菜秸等直接还田的肥料。

泥肥 以未经污染的河泥、塘泥、沟泥、港泥、湖泥等经嫌气微生物分解而成的肥料。

饼肥 以各种含油分较多的种子经压榨去油后的残渣制成的肥料，如菜籽饼、棉籽饼、豆饼、芝麻饼、花生饼、蓖麻饼等。

特别提示

农家肥料养分齐全，肥效期长而稳定，施后能改良土壤，提高土壤肥力，是鲜枣无公害生产的主要用肥。施用各种农家肥，皆需充分腐熟，切记“生肥料”施入枣树。

73 鲜枣无公害生产允许使用哪些商品肥料？

按中华人民共和国农业行业标准 NY/T 394－2000，商品肥料是指按国家法规规定，受国家肥料部门管理，以商品形式出售的肥料。包括商品有机肥、腐殖酸类肥、微生物肥、有机复合肥、无机(矿质)肥、叶面肥、有机无机肥(半有机肥)和掺合肥等。

商品有机肥 以大量动植物残体、排泄物及其他生物废物为原料，加工制成的商品肥料。

腐植酸类肥料 以含有腐植酸类物质的泥炭（草炭）、褐煤、风化等经过加工制成含有植物营养成分的肥料。包括微生物肥料、有机复合肥、无机复合肥、叶面肥等。

微生物肥料 以特定微生物菌种培养生产的含活的微生物制剂。根据微生物肥料对改善植物营养元素的不同，可分成五类：根瘤菌肥料、固氮菌肥料、磷细菌肥料、硅酸盐细菌肥料、复合微生物肥料。

有机复合肥 经无害化处理后的的畜禽粪便及其他生物废物加入适量的微量营养元素制成的肥料。

无机（矿质）肥料 矿物经物理或化学工业方式制成，养分呈无机盐形式的肥料。包括矿物钾肥和硫酸钾、矿物磷肥（磷矿粉）、煅烧磷酸盐（钙镁磷肥、脱氟磷肥）、石灰、石膏、硫磺等。

叶面肥料 喷施于植物叶片并能被其吸收利用的肥料，叶面肥料中不得含有化学合成的生长调节剂。包括含微量元素的叶面肥和含植物生长辅助物质的叶面肥料等。

有机无机肥（半有机肥） 有机肥料与无机肥料通过机械混合或化学反应而成的肥料。

掺合肥 在有机肥、微生物肥、无机（矿质）肥、腐植酸肥中按一定比例掺入化肥（硝态氮肥除外），并通过机械混合而成的肥料。

特别提示

枣树施肥有“三不原则”：不过量施肥，不偏施氮肥，不能只施无机肥。

74 鲜枣无公害生产禁止使用哪些肥料？

（1）未经无害化处理的城市垃圾或含有金属、橡胶和有害物质的垃圾。

(2)硝态氮肥和未腐熟的人粪尿。

(3)未获准登记的肥料产品。

特别提示

枣树施肥有"三禁"：未经无害化处理的垃圾、硝态氮肥和未腐熟的人粪尿、未获准登记的肥料。

75 鲜枣无公害生产使用有机肥有何好处?

有机肥是农家肥的总称。它包括堆肥、沤肥、厩肥、沼气肥、绿肥、作物秸秆肥、泥肥、饼肥等。有机肥的共同特点是含有一定数量的有机质，故称有机肥。有机肥种类多、来源广、数量大，是枣无公害生产中施用的基本肥料。在枣树生产中的作用主要体现以下几个方面：

供给营养 有机肥是一种养分完全的肥料，它不仅能供给枣树氮、磷、钾、钙、镁、硫等大量、中量营养元素，还能供给枣树硼、钼、锌、铜、锰、铁等微量营养元素。此外，有机肥分解产生的二氧化碳，还能为枣树提供碳素营养，促进光合作用，有利于提高果品产量。

改良土壤 有机肥中一般含有大量有机质，具有改良土壤理化性状的作用。有机肥料在分解过程中，一方面释放养分；另一方面进行腐殖化作用形成腐殖质。腐殖质是一种复杂的有机胶体，它能把土粒胶结在一起，形成较稳定的团粒结构，从而增加土壤的通气性、透水性，改善土壤的水、肥、气、热状况，提高土壤的保水、保肥能力。

有益于土壤微生物活动 有机肥是微生物获得能量和养分的主要来源。施用有机肥一方面促进土壤微生物的活动；另一方面，通过微生物的活动，促进有机肥的分解，从而加速土壤中"生物小循环"的过程。此外，微生物还能分泌一些生物物质，如各种酶类及生长素，也有利于枣树生长。

有利于土壤养分释放 有机肥分解时产生的各种有机酸，有利于土壤中难溶性养分转化为有效养分，提高养分的有效性，充分发挥土壤的潜在肥力，促进枣树的生长。

特别提示

有机肥的作用是多方面的，既能提高土壤肥力，又年促进促进枣树生长；具有既能肥土，又能肥树的双重功效。

76 鲜枣无公害生产如何施肥？

鲜枣无公害生产施肥一般从三方面进行。

基肥 基肥以有机肥为主，是较长时间供给枣树多种养分的基础肥料，除在种植苗木前，要施足基肥外，也是常年枣园管理的一项日常工作之一。基肥以秋施为好，大多是在采果后施入，宜早不宜晚。这是全年最重要的一次施肥，施肥量约占全年总施肥量的50%左右。目的是促进树体迅速恢复树势，促进花芽分化与花芽发育。基肥的施用量一般生长结果期树株施有机肥30～80千克，同时混入尿素0.2～0.4千克，过磷酸钙0.5～1.0千克；盛果期大树株施有机肥100～200千克，同时掺入尿素0.4～0.8千克，过磷酸钙1.0～2.5千克。

追肥 又叫补肥，基肥发挥肥效平稳而缓慢，当枣树需肥急迫时必须及时补充肥料，以满足枣树生长发育需要。追肥需根据树势、产量要求及是否缺少微量元素等原因，确定肥料种类、次数和肥量。以速效肥为主，追肥时期主要在萌芽期、花前、幼果期、果实迅速膨大期、采果前等。施肥方法有水施、穴施、沟施、滴施等。

根外施肥 又称叶面肥。是一种迅速地给果树补充营养的方法，简单易行，用肥量小，发挥作用快，可及时满足枣树急需。喷施时间于每天早晨或傍晚进行。根据枣树的营养需要，先后相隔5~7天，连喷2~5次；或是多种元素，相间喷施。

为了达到枣果无公害生产，在施肥时要注意不能过量施肥，引起树体徒长，果实品质降低；不能偏施单一元素；不能只施无机肥，要多施有机质肥。

特别提示

合理施肥是提高枣树产量、改善枣果品质的基本措施。

77 怎样确定枣树的施肥位置?

确定枣树施肥位置，要根据树龄、树冠大小、根系分布等特点而定。将肥料施在根系分布层内，便于根系对养分的吸收。枣树的水平根一般集中分布在树冠外围稍远处，根系的生长方向常以施肥的部位为转移，因此，施肥应以将肥料施在根系集中分布区(层)稍深、稍远处，从而诱导根系向纵深伸展。由于强大根系的形成，扩大了根系的吸收面积，增强了吸收养分的能力，有利于提高树体营养水平，从而为枣树丰产打好基础。

特别提示

应将肥料施在枣树根系集中分布区(层)稍深、稍远处，从而诱导根系向纵深伸展。

78 怎样为枣树施基肥?（视频 11）

施肥方法与肥效的发挥有着密切的关系，枣树基肥的施用方法主要有 5 种。

图 5-1　环状沟施法

环状沟施法(图 5-1)　也称轮状沟施肥法。方法是在树冠外围投影处挖一条环状沟，沟的深度根据根系分布深度和土层厚度而定。平地枣园一般沟深、宽各 50 厘米左右，施肥量大时沟可挖宽挖深一些，土层薄的山区可适当浅些。把表土与基肥混合后施入沟内，施肥后及时覆土、填平，整好树盘。此法适于幼树，随着树冠的扩大，施肥沟的位置不断外移，诱导根系向外伸展。

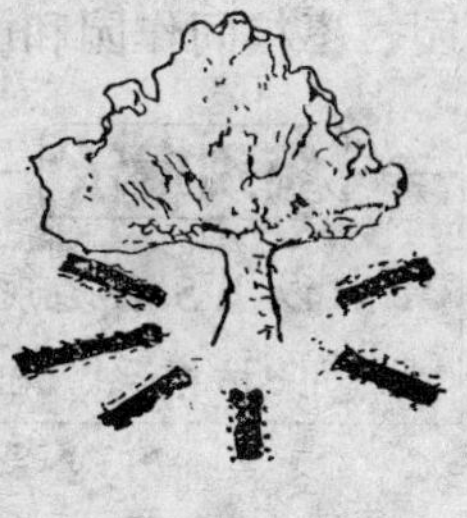

图 5-2　放射沟施法

放射沟施法(图 5-2)　也称辐射状施肥。由树冠下向外开沟，里面一端起自树冠外缘投影下稍内，外面一端延伸到树冠外缘投影以外。开沟 4 ~ 6 条，宽与深由肥料多少而定。施肥后覆土。这种施肥方法伤根少，能促进根系吸收，适于成年树，太密植的树不宜用。第二年施肥时，沟的位置应错开。

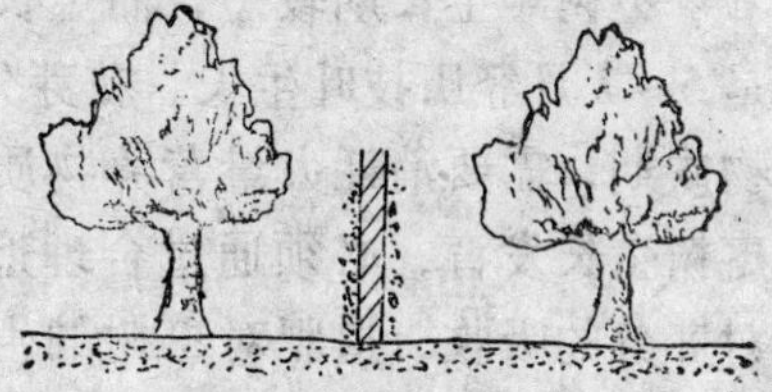

图 5-3　条沟施肥法

条沟施肥法(图 5-3)　在枣树行间或株间于树冠外围投影处，顺行向开沟，挖深、宽各 50 厘米左右，长度视树冠大小和肥量而定的条状沟，枣树行间可开多条，条状沟每年要轮换位置，即行间和株间轮换开沟。施肥要随开沟随施肥，及时覆土。此法便于机械或畜力作业，节省劳力，国外许多果园用此法施肥，效率高，但要求果园地面平坦，开沟作业与灌水要方便。在肥料不足时也可以采用。

穴施法(图 5-4)　在树冠外围稍远处每隔 50 厘米左右，环壮挖若干个直径 30 厘米左右，深 20 ~ 30 厘米的穴，将单株所施肥料分成若干份，分别施入穴中。多用于追肥。

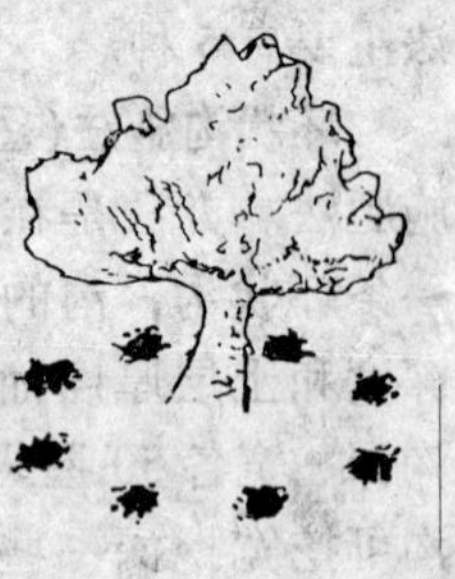

图 5-4　穴施法

全园或树盘内撒施　即把肥料均匀地撒到全园或树盘内，然后耕翻土壤，耕深 20 ~ 40 厘米，把肥料翻入土壤。将土地平整，做好树盘。生草条件下，把肥撒在草上即可。全园施肥后配合灌溉，效率高。这种方法施肥面积大，利于根系吸收，适于已封行的成年树、密植树、纯枣园、枣粮间作园和山区梯田上的枣园。

特别提示

以上 5 种施肥方法，轮换使用效果更好。挖施肥沟时，要注意保护根系，粗 1 厘米以上的根系不要切断。

79 为什么生长季要对枣树进行追肥?

枣树年生长期较短，而生长期中生长活动又极为活跃，尤其是 5 ~ 7 月经历技叶生长、花芽分化、开化结果、根系生长等重要物候期，需要消耗大量营养物质，土壤的自然肥力往往不能满足枣树生长发育，必须通过合理追肥，给土壤补充养分，增加枣树对养分的吸收，追肥对枣树的生长和增产效果十分显著。就需肥量而言，一般认为，枣树应该比苹果需肥量还高，因为枣鲜果的干物质、糖分含量比苹果高 1.2 ~ 1.8 倍。就需肥规律而讲，枣树追肥要特别注意“三肥”，即萌芽肥、花期肥和助果肥的施用。

特别提示

追肥又叫补肥，是根据枣树不同生长期的需肥特点，利用速效性肥料进行追加补肥。

80 怎样进行枣树生长季追肥?

枣树追肥主要为速效化肥，追肥应含有枣树生长结实必需的营养元素，追肥肥效快、肥效短，易随水流失。常用的追肥有碳酸氢铵、硝酸铵、尿素、磷酸二铵、过磷酸钙、重过磷酸钙、钙镁磷肥、硝酸磷肥、氯化钾、硫酸钾、钾镁肥、钾钙肥等。施肥方法，可行间沟施，局部穴施等。沟施可采用环状施肥、放射沟施肥和条沟施肥等方法，深度一般为 10～20 厘米。追肥的施用时期主要分三次。

萌芽肥 萌芽前追肥也称催芽肥；此期追肥能使枣树萌芽整齐，促进枝叶生长，有利于花芽分化，尤其对于树势衰弱或基肥不足的枣园，这次追肥更显重要。此次追肥以氮肥为主，适当配合磷肥。北方枣区一般多在 4 月上旬进行。1～3 年生幼树每株可追施尿素或磷酸二铵 0.1～0.3 千克。盛果期大树，每株可追施磷酸二铵 1.0～1.5 千克。

花期肥 在花前和初花期进行，此期枣树开花数量多，时间长，消耗营养多，由于营养不足，会造成大量落花落果。因此，及时追肥补充树体营养，对提高坐果率、促进幼果生长，避免因营养不足而导致大量落果极为重要。此次追肥以氮、磷肥为主，适当加入一些钾肥。在花前或初花期施磷酸二铵 0.5～1.0 千克，硫酸钾 0.5～1.0 千克。

助果肥 枣树第 1 次落果后，果实迅速生长，果实细胞体积增大，如肥水不足，影响果实的发育甚至落果。因此，幼果期追肥不仅直接影响产量，而且关系着果实品质。此次氮、磷、钾配合施用，适当增加磷钾肥的施用比例，作用是促进果实膨大和糖分积累，提高枣果品质，同时，增加叶片光合效能，有利枣树贮藏营养的积累。追肥量为磷酸二铵0.5～1.0千克，硫酸钾0.75～1.0千克。

特别提示

枣树追肥每年3次，即萌芽肥、花期肥和助果肥。第一次以氮肥为主，配合磷肥；第二次以氮、磷肥为主，适当加入钾肥；第三次以氮、磷、钾肥配合施用，增加磷钾肥施用比例。

81 枣树进行叶面追肥要注意哪些问题？

枣树叶面追肥是将肥料溶解于水，喷布在叶面的施肥方法，叶面追肥，即根外追肥，简单易行，用肥量小，发挥作用快，对枣树有特别明显的效果。

肥料种类要适宜 适宜进行枣树叶面追肥的肥料种类很多，常用的有尿素、磷酸二氢钾和硼、锌等其它微量元素。易挥发、难溶性肥料不适宜，如碳铵、钙镁磷肥等。

喷肥浓度要合适 喷施浓度低了效果不佳，高了易产生肥害。

喷施肥液量要充足 喷施时，以枣树叶片均匀布满雾状肥液不滴流为宜。

喷施部位要得当 喷施时叶片正反两面都要喷到，特别是气孔较多的叶片背面更要喷到，不可漏喷或重喷，因为叶背面比正面吸收率高1倍以上。

施用时期要适宜 枣树不同生长时期，应喷施不同种类肥料，生长季前期以喷氮为主，花期在喷氮肥的同时，可加喷硼肥；果实发育期以喷磷钾肥为主，辅之以氮肥。

喷施次数要适当 通常要求在枣生长期每隔 10～15 天就进行一次叶面喷肥。

施用时间要合理 喷肥时间最好在上午 10 点前和下午 4 点后进行，以免高温发生肥害。此时温度低、湿度大，有利延长肥液在叶面上的湿润时间，利于枣树叶片对肥料吸收，提高肥效。如喷后 3 小时遇雨，天晴后要补喷，但浓度要适当降低。

肥料混用要正确 叶面追肥时，将两种或两种以上的肥料合理混用，增产效果显著。但不可任意混用，如磷酸二氢钾不能和稀土混施，过滤后的人粪尿不能和草木灰浸出液混用，磷酸锌不能和过磷酸钙混用。

特别提示

叶面喷肥可单独进行，也可结合打药同时进行，这样既可防治病虫害，又能达到施肥的目的，但要注意含磷肥料一般不能与含石灰的碱性农药混喷。

82 枣树叶面追肥的常用肥料和喷施浓度如何？

枣树叶面追肥常用的肥料有大量元素肥料和微量元素肥料，现将叶面追肥的肥料种类及其水溶液浓度列于表 5-1。

表 5-1 叶面追肥的肥料种类及其水溶液浓度

元素种类	肥料种类	水溶液浓度(%)
氮(N)	尿素	0.3～0.5
氮(N)	硫酸铵	0.1～0.3
氮(N)	硝酸铵	0.1～0.3
氮、磷(N、P)	磷酸铵	0.3～0.5

（续）

元素种类	肥料种类	水溶液浓度(%)
磷(P)	过磷酸钙	1～3(清液)
磷、钾(P、K)	磷酸二氢钾	0.2～0.3
钾(K)	草木灰	1～6(清液)
钾(K)	硫酸钾	0.2～0.4
钾(K)	硝酸钾	0.3～0.5
锌(Zn)	硫酸锌	0.1～0.4
硼(B)	硼酸	0.1～0.5
硼(B)	硼砂	0.1～0.25
铁(Fe)	硫酸亚铁	0.1～0.4
铁(Fe)	螯合铁	0.05～0.1
镁(Mg)	硫酸镁	1.0
钼(Mo)	钼酸铵	0.1～0.2
铜(Cu)	硫酸铜	0.05～0.1

特别提示

枣树叶面追肥应根据不同生长期和气候条件，采用不同浓度。幼叶期浓度宜低，成龄叶浓度可高些；降雨多时，浓度可高些；反之，宜低些。为防止肥害产生，喷前应先作试验，然后再大面积喷施。

83 枣树要在哪几个关键时期灌水？

枣树虽较抗旱和耐涝，但要获得高产仍要在生长期进行灌水和排水，以满足枣树对水分的需要和防止积水危害。俗话说的“旱枣涝梨”，旱枣仅指枣果成熟时不至因多雨裂果烂枣，有利于晒制干枣而言，不是说栽培枣以旱为好。相反，枣树的整个生长期，都要求较高的土壤湿度，土壤水分供应不足，干旱缺水，枣树生长发育也受到不利影响。生长季要求土壤相对含水量为65%～70%。尤其是花期和硬核前果实迅速生长期，对土壤水分十分敏感，当土壤相对含水量小于55%或大于80%时，幼果生长受阻，落花落果严重。在果实硬核后的缓慢生长期中，当相对含水量降至30%～50%时，果肉细胞则失去膨压变软，生长停止。在北方枣区，枣树生长的前期正处于干旱季节，更应重视灌水。灌水时期分别为萌芽前，开花前，落花后和越冬前几个关键时期。

萌芽前的催芽水 早春萌芽前，一般4月上、中旬，结合追肥灌1次催芽水，可促进营养的吸收运转，有利于萌芽、枣头和枣吊的生长、花芽分化、开花质量、坐果和幼果发育。

开花前的助花水 枣树花期对水分相当敏感，水分不足，授粉受精不良，降低坐果率。北方枣区枣树开花期正处干旱风季节，“焦花”现象相当严重。因此，要结合花前追肥灌1次助花水。

落花后的保果水 枣树在幼果发育期，需水量较大。此期正值7月上旬，天气干旱，气温高，枝叶易和幼果争夺水分，导致幼果萎蔫，要结合追肥灌1次促果水。

变色时的膨大水 在果实白熟期，结合追肥灌水，有利于枣果膨大，有利于果实着色鲜艳，提高品质。

越冬前的封冻水 为了增强枣树抗寒能力，在土壤上冻之前，结合施基肥灌1次封冻水。

具体的浇水时期、次数要因地制宜，在山区和没有浇水条件的地方，应进行多次中耕，蓄水保墒，以及应用旱作抗旱栽培技术，解决枣树生长结果的需水问题。北方枣树尤其要注意对水的“前促后控”，前期决不可干旱缺水。南方枣区，自然降雨一般能满足枣树对水分的要求，则不需灌水。

枣园土壤分过大或园地长期积水，会引起土壤严重缺氧，枣树根系发育不良，树势衰弱，产量下降。果实生长后期园地积水，还会加大空气湿度，枣果大量霉烂脱落，形成丰产不丰收。枣树建园地应做好排水工程，一旦土壤超过田间最大持水量75%～80%时，就立即进行排水。

特别提示

枣树虽较抗旱和耐涝，但要获得高产仍要在生长期进行灌水和排水。

84 枣树常用的灌水方法有哪些？

枣树常用的灌水方法可分为地面灌水、地下灌水、喷灌、滴灌等。

地面灌水 是采用管道或地面窄沟把水引入果园进行地面灌水的方法。其中，常用的方法有树盘或树行灌水、穴灌或沟灌等。树盘或树行灌水是在树冠外缘的下方作环状土埂，或树行的树冠外缘下方作两条平行直通土埂，通过管道或窄沟将水引入树盘或树行内。水渗下后，及时中耕松土。穴灌或沟灌是山坡旱地枣园一种节约用水的好方法，在冠外围挖数个深20～50厘米、宽约30厘米的穴或挖数个深20～50厘米、宽约30厘米的小沟，将水引入。在水源不足，采用人工担水时常运用此法。水渗下后，用土埋沟保蓄水分。穴灌还可以在穴内内用杂草（或作物秸秆）填实，将肥水从孔口灌入，孔的位置每年更换一次，此法投资少、效果好、易推广。

地下灌水 在果园地面以下埋设透水管道，将灌溉水输送到根系分布区，通过毛细管作用，湿润土壤的一种灌水方法。其优点是不占地，不影响地面操作，不破坏土壤结构，灌溉水与大气相隔，供水缓慢，大大减少水分蒸发和淋失，节水效果明显，可以结合追肥，肥水同灌，缺点是一次性投资费用大，但是低于喷灌、滴灌，且养护费用很低。地下灌水还可采用洇灌(皿灌)的方法，将一些未上釉的陶土瓦罐，或花盆埋置于枣园土壤中，注满水后，水通过罐壁慢慢渗入土中，这在水贵如油的干旱地区是一种较理想的简易节水灌溉方式。也可用塑料袋扎孔、塑料瓶扎孔代替。

在地下施用土壤保水剂是近年新兴起的一种节水灌溉方法，土壤保水剂是一种吸水保水力很强的高分子颗粒，它能高效地吸水保水，逐渐地释放水分，以供树体生长发育所需。

喷灌与微喷灌 需求购成套设备和专门技术，投资较大。微喷灌是喷灌技术的改进设备。由水源、进水管、水泵站、输水管道(干管和支管)、竖管、喷头组成，喷头将水喷射成细小水滴，像降雨均匀地洒布在果园的地面进行灌溉。喷灌的优点是：省水，减少地面径流，避免水、土流失；调节果园小气候；节省劳力。虽然喷灌设备投资较高，但所获效益较大。

滴灌 是一种值得广为推荐的最新式省水灌溉法，各地均有推广。滴灌可为局部根系连续供水，土壤结构保持较好，水分状况稳定。包括大的蓄水池和成套滴灌机械设备，可向专业部门求购，技术上注意防止管道堵塞。滴灌特别适用于果树，滴灌能节水90%～95%，土壤湿润适度，利于根系活动，对防止土壤次生盐渍化有明显作用，可增产20%～30%。虽投资较高，由于经济效益好，尤其干旱、缺水严重的果园最为适用，1～2年便可收回投资。

特别提示

农业用水不仅在社会用水中所占比例较大，达60%～70%，而且灌溉过程中大量浪费。所以，鲜枣生产采用喷灌、微喷灌、滴灌等节水灌溉技术进行灌溉是现代枣树生产必须解决的问题。

6

枣树的整形与修剪

修剪包括整枝和剪枝两个部分，“修”是修整树形的意思，“剪”是剪截枝条的意思，二者合起来就是整形和修枝。在习惯上，常用整形和修剪两个名词，二者虽有明显的特殊含意，但也有密切的相互关系。整形也称整枝。为使枣树早果、丰产、稳产、优质并便于管理，有必要把枣树修剪成一定形状和一定的骨架结构，从而使每一株树都能合理利用空间，充分利用光能，实现立体结果和高产优质的目标。整形必须通过修剪才能完成，只有通过采用短截、疏枝、缩剪、摘心、除萌、扭梢、环剥、环切等许多修剪方法，才能使枣树形成和保持一定树体结构形状，达到早果、丰产、稳产、优质的要求。

85 枣树进行整形与修剪有哪些好处?

提早结果和丰产 虽然枣树进入结果早，但因品种不同、土肥水管理、整形修剪方法不同，开始结果的早晚，差异很大。根据各品种的生物学特性，采取相应的修剪技术措施，可提早结果年限。如采取枣头摘心、二次枝摘心、环剥、环切等夏季修剪措施，可有效地促进提早结果和丰产。

改善光照条件 不修剪的枣树，树冠郁闭，内膛光照不足，叶片制造的营养不足，难以成花坐果。通过整形修剪可以培育牢固的骨架和良好的树体结构，调整枣树个体与群体结构，提高光能利用率。如选用适宜树形，降低树体高度和叶幕厚度等，可改善光照条件，增加有效叶面积，从而提高树体营养水平，提高产量。

改善树体营养 整形修剪可以提高树体的代谢能力，改善树体营养。如摘心或短截修剪，剪去枝条的先端部位，减少了内源激素的合成和供应，减轻或排除了激素对侧芽的抑制作用，有利于二次枝的生长，可明显的提高坐果。

调节营养分配 枣树的生长和结果与树体内营养物质的含量、分配等直接相关，合理的整形修剪，能够调节和控制营养物质的分配和利用，从而调节枣树的生长和结果。例如，夏季对枣头适时摘心，可以有效地控制营养生长，提高坐果率；环剥、环刻等修剪措施，暂时破坏了枝条的输导组织，改变了原来的养分和水分的输导方向，使局部的营养状况得到了改善，缓和了树体的营养生长，因而有利于结果和丰产。

平衡生长和结果 枣树的生长和结果，是相互制约又相互促进的，在一定的条件下，可以互相转化。有一定数量的枝条和叶片，才能制造足够的营养物质，供果实生长发育，生长是结果的基础。但是，营养生长过旺，枝条过多，营养的消耗大于积累时，则会影响果实生长发育，降低产量。通过修剪可平衡营养生长和生殖生长的关系，达到幼树加速生长，提高结果，盛果期延长，老树更新，延长结果寿命。

提高抗逆能力 枣树一经定植，便要长期生长于一个地方，这种长期性和连续性的特点，使枣树易于遭受病虫危害和不良环境条件影响。合理的整形修剪，可使树冠上的枝条，有一个合理的配置和适当的间隔，保持良好的通风透光条件。在修剪过程中，还可及时剪除衰老、病虫枝，减少病虫危害和蔓延的机会，使枣树少受或免受其害，增强树体的抗逆能力，维持稳定的产量。例如，在多风地区的枣园，整成低矮树形，可增强抗风能力，获得稳定产量。

提高果实品质 合理整形修剪，可使每株枣树之间以及同一株树的各主枝间，都能合理负载，所结果实，生长发育均一，大小整齐一致，商品质量较高。这样的枣园，病虫果、畸形果和小果等少或没有，好果率高，果实的外观质量好，商品价值和经济效益，也会随之提高。

特别提示

通过整形修剪，可以建立合理的树体和群体结构，充分利用光照和空间，扩大结果范围。达到早结果、产量高、品质好、寿命长的目的。

86 枣树整形修剪的原则是什么？

因树修剪，随枝作形 在枣树的生长发育过程中，由于品种不同，苗木质量不一，立地条件差异，在整形过程中，就只能根据每棵树的不同生长情况，整成与标准树形相似树体结构。因树修剪，是对枣树的整体而言，即根据不同品种的生长结果习性，以及立地条件等实际情况，采取相应的整形修剪方法，轻重程度适宜。随枝作形，是对枣树的局部而言，在整形修剪过程中，根据枝条的长势强弱、枝量多少、分枝角度的大小、枝条的延伸方向以及开花结果等情况，正确处理局部和整体的关系，生长和结果的平衡，主枝和侧枝的从属，以及枝条的着生位置和空间利用等等，以便形成合理的丰产树体结构，获得长期优质、稳定增产的较高经济效益。

轻剪为主，轻重结合 枣树的整形和修剪，毕竟要剪去一些枝叶，这对枣树整体来说，无疑是有削弱作用的。修剪程度越重，削弱作用也越强。在整形修剪时，应坚持以轻剪为主的原则。轻剪固然有利于扩大树冠，缓和长势和提早结果，但为长远着想，还必须注意树体骨架的建设，修剪轻重结合，既能建造牢固的树体骨架，又能促进提早结果和早期丰产，以及长期的优质、丰产。在果树的生命周期中，生长和结果的关系，始终处于经常的不断变化之中，所以，在确定修剪量时，应根据生长和结果状况及其平衡关系的变化而有所变动，宜轻则轻，宜重则重。

平衡树势，从属分明 在同一枣园内，不同树体之间，或同一棵树的不同类枝条间，生长势力总是不平衡的。如配置分布不当，出现主从不清、枝条紊乱、重叠拥挤、通风透光不良、各部分发展不平衡等现象，必然会影响正常的生长和结果，须通过修剪逐年加以解决。修剪时，应注意通过抑强扶弱，适当疏枝、短截，保持枣园内各单株之间的群体、长势近于一致，一棵树上各主枝间及上、下层骨干枝间，保持平衡的长势和明确的从属关系，使整个果园的树株，都能够上、下和内、外均衡结果，实现长期优质和稳定增产。

特别提示

坚持枣树整形修剪的原则，可以迅速扩大树冠，又能提早结果，达到生长结果两不误的目的。

87 枣树的芽有哪些类别？与修剪有何关系？

枣树芽的形态不同，名称也不一样。整形修剪时对各种芽的形态和性质都必须预先了解，才能决定哪些可以剪，哪些不可以剪以及如何修剪等。枣芽按其性质分主芽和副芽；按芽在枝条上的着生位置，可分为定芽和不定芽；按芽能否按时萌发，可分为活动芽和隐芽。

主芽 主芽又称正芽或冬芽，有芽的形态，外被鳞片裹住，一般当年不萌发。主芽着生在枣头与枣股的顶端和二次枝基部，位于枣头顶端的主芽，生命活力旺盛，萌发可形成新的枣头，成为发育枝，连续延长生长多年，形成树体的骨架或大的结果枝组。着生在枣股顶端的主芽一般生长缓弱，侧生在枣头一次枝和二次枝叶腋间的主芽多呈潜伏状，受强烈刺激后方能萌发为强壮的营养枝。

副芽 副芽又称夏芽或裸芽，为早熟性芽，没有芽的形态，当年萌发，形成永久性二次枝和脱落性枣吊。枣头一次枝的基部和二次枝上的副芽，萌发后形成枣吊，枣头一次枝中上部的副芽萌发后形成永久性二次枝，其上的主芽翌春均萌发形成新枣股；而枣头一次枝上的主芽翌年多不萌发。枣股上的副芽萌发后形成枣吊，开花结果，是主要结果性枝条。

定芽 按一定顺序着生在枝条顶端、侧方或叶腋间的芽叫定芽。定芽中，着生在枝条顶端的芽称为顶芽，着生在枝条侧方或叶腋间的芽称为侧芽。

不定芽 不定芽的发生没有一定位置。枣树地上部大枝遭受损伤或疏去大枝后，地上、下部失去平衡时，多形成不定芽。不定芽萌发后易生成徒长枝，可用于更新。

活动芽 枝条上的芽形成以后，能按时萌发的称为活动芽。顶芽多为活动芽。

隐芽 侧生在枣头一次枝和二次枝叶腋间的主芽多呈潜伏状，为隐芽，又叫潜伏芽。隐芽受到刺激后，也能萌发并抽生枣头枝，可用于老树更新。

特别提示

枣树整形修剪一定要根据不同芽的形态和性质采取不同修剪措施。

88 枣树的枝条有哪些类别？与修剪有何关系？

枣树的枝条因着生位置、形态和作用的不同，可分为若干类别。按枝条的功能分为枣头、枣股和枣吊，按树冠结构分为骨干枝和辅养枝，按枝条年龄的大小为新梢、1 年生枝、2 年生枝和多年生枝。

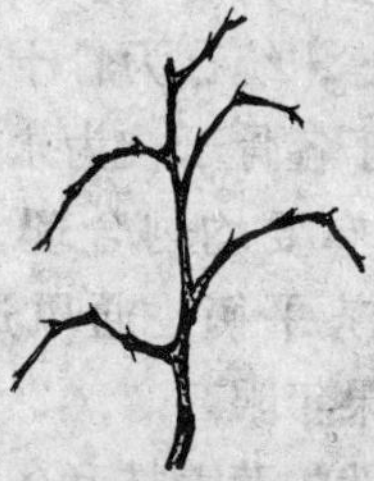

图 6-1　枣头

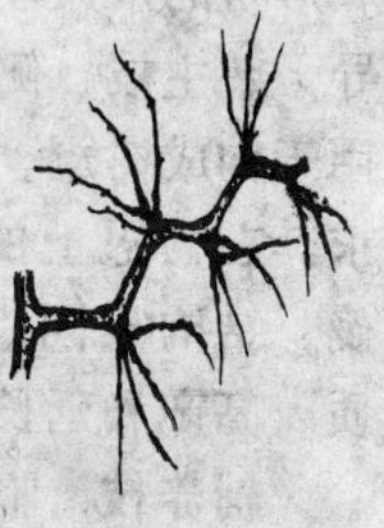

图 6-2　二次枝

枣头（图 6-1）　又称发育枝或营养枝，由主芽当年萌发而成，是形成骨干枝和结果基枝的主要枝条，由一次枝和二次枝构成。枣头一次枝具有很强的生长能力，构成树冠的中央干、主枝和侧枝等骨架。二次枝（图 6-2）是枣头上的永久性枝条，枝形曲折，呈“之”字形向前延伸，是着生枣股的主要枝条，又称“结果枝组”。枣头的作用是进行营养生长、扩大树冠和增加结果部位提高产量，枣头当年即可结果，如采取一些技术措施，则可显著提高坐果率。

枣股（图 6-3）　是由枣头一次枝和枣头二次枝上的主芽萌发形成的短缩性结果母枝，主要着生在二次枝上。枣股上的副芽抽生枣吊开花结果，是结果的主要枝条，枣股主芽每年萌发生长，但生长量很小，仅 1 ~ 2 毫米。枣股副芽每年萌发抽生枣吊，每一枣股可着生枣吊 2 ~ 7 个。枣股抽生枣吊数量、枣吊长短和结实能力因品种、树势、枣股健壮程度、枣股枝龄和栽培管理措施等不同而各异。

图 6-3　枣股

枣吊(图 6-4)　枣吊枝形纤细柔软，枣吊上着生叶片，叶腋形成花序结果，是枣的结果枝，春季萌发生长，开花结果，晚秋脱落，故又叫脱落性枝。是枣树开花结果的枝条，又是进行光合作用的重要器官。叶面积的大小，叶片的薄厚、颜色的深浅等，都直接影响着枣树的生长和结果。

图 6-4　枣吊

骨干枝　在树冠的整体结构中，构成树冠骨架和形状的永久性大枝称为骨干枝，如主干、中央领导干、主枝、侧枝等，统称为骨干枝，骨干枝主要用于构成树冠。由于各骨干枝为永久性枝，所以要求其在树冠上的分布要均匀合理，主从关系要明确，结构牢固，长势平衡，通风透光，以利于优质，高产和延长盛果年限。

辅养枝　临时性的营养枝和各类枝组，统称为辅养枝或非骨干枝，辅养枝则主要用于结果。

新梢　即当年生枣头，在树中当年抽生的带有叶片的当年枣头，称为新梢。在枣树整形修剪中，为控制树体旺长，促其分生短枝和促其提早结果，常在春季(盛花期)枣头萌发后对其进行摘心。

一年生枝　即一年生枣头，枣树当年抽生的枝，自落叶后至第二年春季发芽前为止，称为一年生枝，也就是原来的新梢。

二年生枝　即二年生枣头。一年生枣头自发芽后至下一个春季发芽为止，也就是生长整整两年的枝条，称为二年生枝。

多年生枝条，依此类推。

特别提示

枣树整形修剪一定要根据枝条的着生位置、形态和作用的不同采取不同修剪措施。

89 何为根系修剪？对枣树有什么好处？

枣树根系修剪是指苗木的剪根和大树行株间的深翻断根。实践证明，鲜枣生产每年秋季沿树冠外围垂线开沟断根并施入大量有机肥，促进秋冬季新根大量发生，可以显著提高枣树产量和改进品质。

根系修剪可以促发新根 秋季深翻断根，第二年春季在断根剖面上可发生许多新根，深耕使深层土壤疏松、透气、保水和保肥等条件得到了改善，为新根生长创造良好条件；断根刺激新根发生，为更多根系的发生创造良好条件。

根系修剪可以提高吸收能力 开沟断根会有大量吸收根的发生和形成，从而提高根系对矿质元素的吸收能力，增加叶片和果实内矿质营养的含量，特别是磷、钙等矿质元素的明显增加可提高叶片光合作用，果实内磷、钙等矿质元素含量的明显提高 可减少枣果的生理病害，提高贮藏性能。

根系修剪可以提高枣果坐果率和果实品质 开深沟断根后，由于发生的新根增多，吸收养分和水分的能力增强，供给细胞分裂素的量也增多，从而提高了坐果率。根系吸收能力提高，带动叶片光合作用增强，从而提高枣果品质。

特别提示

枣树根系修剪能够促进新根大量发生，可以显著提高枣树产量和改进品质。

90 枣树根系分布有何特点？怎样进行根系修剪？

枣树根系分布与树龄、品种、栽培方式、土壤条件和管理措施等有关。枣树水平根沿着土壤表皮向平行方向生长，对枣树地上部的营养生长起着极重要的作用。垂直根与土壤皮层呈垂直方向生长，枣树实生根系的垂直根发达，能固定树体，吸收较深土壤中的水分和养分，有利于枣树抗旱、抗寒。枣树根系一般在10~30厘米土层内分布最多，约占总根量的75%。树冠下为根系的集中分布区，约占总根量的70%。通常大枣品种根系分布深而广，小枣类型则较浅，精细管理的枣园根系发达，放任生长的枣树根系生长较差。土壤肥力强则根系健壮。

根系修剪是提高产量和质量的新技术，根系修剪也必须了解根系分布的规律，了解根系分布情况，才能避免将大根剪断。适宜的根系修剪之处，在树冠投影外线内外1米左右的地方。该处的根系中，粗根很少，细根很多，细根切断后可以很容易地产生新的白色吸收根。枣树开沟修剪根系的适宜深度50厘米左右，宽30~50厘米。沟面上切断细根，保留直径1厘米以上的粗根。然后将原土配上要施用的有机肥填入沟内，即可促进被切断的根系发出新根。与地上小枝条一样，剪一枝会发生3~5个小分枝。

特别提示

枣树根系分布与树龄、品种、栽培方式、土壤条件和管理措施等有关，根系修剪要了解根系分布情况，避免伤大根，削弱树势，根系修剪通常结合土壤深翻或土壤深施有机肥同时进行。

91 怎样确定枣树根系修剪时期？

枣树根系在年周期内无休眠现象，只是在冬季由于土温低而基本不生长，只要条件适宜，一年内均可生长，当早春土温达7.2℃以上开始生长，夏季土温22～25℃时达生长高峰期。秋季土温降至21℃以下时，生长又趋缓慢。随土温降低渐至停止生长。

根系生长强弱与地上部生长与结果明显相关。北京地区4～5月枝叶旺盛生长期，根系生长缓慢；进入6月，枝叶生长趋于缓慢，开始积累营养物质，根系生长逐渐加快；7～8月，枝叶基本停止生长，根系生长则进入高峰时期，以后因温度下降而停止。地上部分生长的强弱，直接影响根系的强弱，而根系贮存营养物质的多少和吸收土壤养分的能力直接影响着地上部分的生长速度和结果能力。

根据枣树根系年周期生长规律，根系修剪的适宜时期在采果后到落叶前，其次是落叶后到土壤封冻前。这一时期树上叶片的光合产物，主要向枝、芽、主枝、主干和根系输送，并将大部分贮藏物集中在根系里。这些贮藏物质除了直接用于根系生长之外，其余的贮藏物质是用于来年萌芽、开花、新梢生长和幼果发育之用。因此，北方地区9～11月是根系修剪的最适时期。

特别提示

根系修剪的适宜时期在采果后到落叶前，其次是落叶后到土壤封冻前。北方地区9～11月是根系修剪的最适时期。

92 何为顶端优势？与枣树修剪有何关系？

顶端优势，是指在同一枝条的上部或顶部的枝长势最强，越近顶部的芽，抽生的枝条长势也越旺，而向下则依次减弱的现象，也叫先端优势、极性。

在枣树修剪中，利用和控制顶端优势，是枣树整形修剪中经常运用的技术措施。利用顶端优势，可以抬高枝、芽的空间位置；

利用优势部位的壮枝、壮芽，可以增强树体的生长势力。为平衡树体长势，需控制顶端优势时，可采用压低枝、芽的空间位置，或压低枝条开张角度等修剪办法，以缓和其生长势力。

枣树的品种不同，其顶端优势表现强度也不一样。顶端优势控制不力，就会使树体旺长，出现上强下弱的现象而推迟结果年限。

枣树的树龄不同，枝条的壮旺程度不同，顶端优势的强弱也不一样。幼龄树和旺树的顶端优势强于老树和弱树；直立枝的顶端优势强于斜生枝和下垂枝。

特别提示

顶端优势的特性在枣树生长中是随处可见的。在枣树整形修剪中的应用也是很广泛的。掌握了顶端优势的反应规律，就可以熟练地运用控制或利用顶端优势的修剪方法做好枣树修剪。

93 枣树常用的修剪方法有哪些？（视频 12）

枣树修剪常用的方法包括疏剪、短截、回缩、长放、开张角度、枝干造伤和根系修剪等。综合运用这些技术，就可以调节枣树的生理、生态以达到早果、高产、稳产、优质和高效益的目标。

疏剪（图 6-5） 是指将枝条从基部全部剪去，包括冬季疏枝和生长季疏梢、抹芽等。凡位置不当，影响通风透光，又不计划做更新枝利用的枝条，都应从基部剪掉。

抹芽也是一种疏剪，指在生长季对各级主、侧枝、结果枝组间刚萌发出的没有利用价值的枣头抹除，以节省养分，增强树势，并减少以后的修剪量。

疏剪作用是：第一，提高树体营养水平。疏剪减少枝量，加大空间，改善通风透光条件，提高光合强度，降低枝梢内生长素含量，抑制生长强度，集中树体养分，有利于芽内组织分化，促进花芽形成，提高果实品质和产量。正如俗话说：“枝条疏散，红枣满串，枝吊拥挤，吊吊空喜”。疏剪主要用于控制改造树冠内的交叉枝、并生枝、重叠枝、轮生枝、竞争枝、衰弱枝等。在幼树期或树势旺时应去强留壮，去直留平，以缓和树势。对于盛果期树，为维持树势健壮，应去弱留强，去下垂留直平。疏剪量过大会削减枝叶量，减少光合产物量和根系生长量。第二，调整树体营养分配。冬季疏剪，在母枝上形成的伤口可阻碍营养物质和水分的上下运送，与刻伤和环剥有类似作用，即对伤口上部的枝梢有削弱作用(上行水分和肥料养分受阻)，对伤口下部的枝、芽的生长有促进生长的作用(水肥供应较多)。疏枝越多，伤口间距离越近，对上削弱和对下促进的作用就越明显，疏去大枝的大伤口其上述作用更显著。第三，减少树体营养消耗。疏去密生枝、细弱枝和病虫枝，则有减少养分消耗，促进留下枝叶生长的作用。第四，提高枣果品质。疏剪可以改善光照，从而提高枣果品质：包括果实大小、着色度、含糖量以及硬度等等。

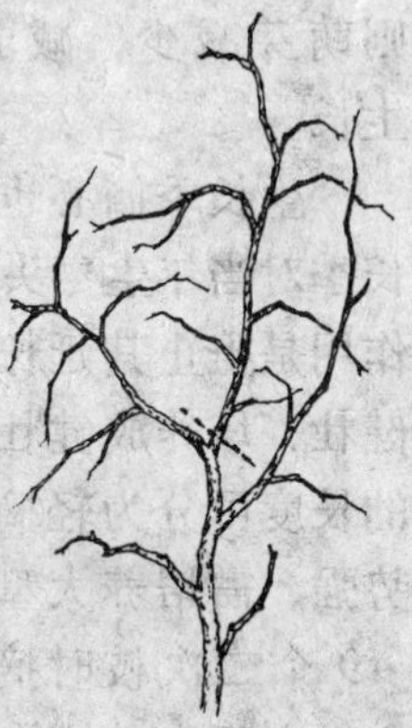

图 6-5　疏剪

短截(图 6-6)　短截也叫短剪，包括冬季将一年生枣头一次枝或二次枝剪掉一部分；也包括生长季的剪梢和摘心等。冬季短截去掉了部分枝芽，这样保留下的芽子翌年春得到养分供应相对充足，提高其枣股的结果能力。还可将枣头一次短截后再将剪口下第一个二次枝从基部剪除，促使剪口下的主芽萌发，长成枣头。

短截的作用：第一，增加枝梢密度，增加长势。短截剪口为饱满芽，则促进剪口芽萌发，增大枣头数量，加大枣头长势，加大营养生长。第二，减少枝梢，削弱长势。冬季短截剪口留秕芽，则萌芽减少，减弱枣头长势，有利于生殖生长。

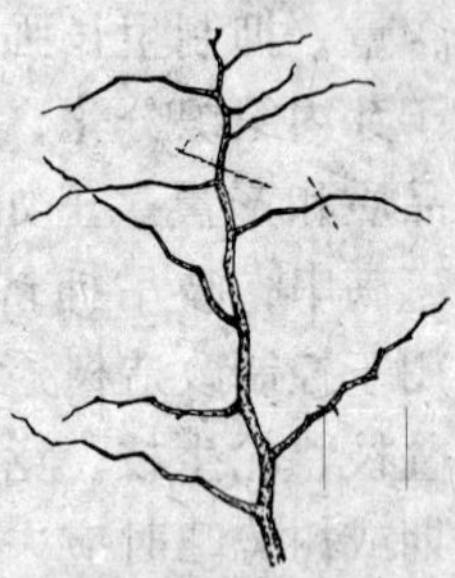

图 6-6 短截

生长季摘心也是短截的一种，是指在生长季对当年生枣头一次枝或二次枝进行短截。作用是阻止其延长生长，使留下的枣头发育健壮，培养成健壮的结果枝组。根据剪留枝的长度可分为轻摘心和重摘心。空间大，枝势强，需培养大型结果枝组的枣头，在有 7 ~9 个二次枝时摘心，二次枝 6 ~ 7 节时摘心。空间小，枝势中等，需培养中小型结果枝组的，可在枣头有 4 ~7 个二次枝时摘心，二次枝 3 ~ 5 节时摘心。枣头如生长不整齐，则需进行 2 ~3 次，摘心越早，对促进下部枝条及二次枝、枣吊生长越有利，提高坐果率的效果越大。

图 6-7 回缩

回缩(图 6-7) 回缩又叫缩剪，指剪掉多年生枝的一部分。缩剪后，使根系输送来的水分和养分集中供应留下的枝上，从而促进留下枝段上萌发出旺盛的枣头与枣吊，利于生长与结果，丰产优质。回缩去掉大枝，腾出空间，改善光照，集中养分，有利于更新复壮。

长放 也叫缓放或甩放，指对枣头一次枝不进行修剪。一般对骨干枝的延长枝进行缓放，任其自然发枝，可使枣头顶端主芽继续萌发生长，以扩大树冠。

长放的作用是：第一，缓和枝势。长放后由于水养分分散到众多的枝芽上，益于成花坐果。第二，增加枝叶量和产量。长放的枣头结合拉枝处理，使枣头拉平或拉下垂，既可增加长枝基部枝量，又益于长枝结果。长放不但使树冠扩大迅速，而且，枣果产量也上升极快。长放是枣树幼龄时期重要增产措施之一。

开张角度 开张角度是枣树整形修剪中最重要的方法之一，

包括拉枝(压枝)、拿枝(捋枝、揉枝)、撑枝和换头等。

开张角度的作用是：缓和顶端优势。与直立枝相比，开张角度越大，枝条长势越缓，越易开花坐果。枣树生产不重视拉枝，常常导致产量和质量上不去。

拉枝，是枣树开张角度的主要方法，对生长直立的大枝，用铁丝或绳子将其角度和方向改变，抑制枝条生长，积累养分，促进花芽分化，提早开花结果。在树体偏冠、缺枝的情况下，可通过拉枝填空补缺，调整偏冠、扩大结果部位和面积。在花期拉枝，改善了树冠的光照条件，抑制枣头旺长，益于营养集中于花，有利于坐果。

拿枝，也叫捋枝、揉枝等。做法是在生长季对当年生枣头一次枝和二次枝从基部反复揉拿弯倒，使木质部发出清脆折裂声，然后压平或拉下垂，抑制生长，缓和生长势，有利于开花坐果。拿枝一般在6~7月份进行。拿枝过早，枝条太嫩，容易折断；过晚，枝条已木质化，不易进行。这一方法一般不用于主枝角度开张，只用于处理辅养枝。

撑枝，即用木棍等支撑物将枝条的角度支开。撑棍两头要垫些旧布等以免损伤树皮。

换头，即在主枝不易撑开角度的情况下，选主枝背下较平斜的大侧枝代替原来较直立的领导头，将原头从选留的新头上部锯除。

枝干造伤 环状剥皮、环状倒贴皮、环割(环切、环刻)、绞缢、刻芽、扭梢、折枝、锯伤等都属于造伤方法，使枝干的韧皮部或木质部暂时受伤，在伤口愈合之前起阻碍或减缓养分和水分上下输导作用，用以调节长势、提高坐果。造伤恰当，调节及控制效果十分显著。造伤使是叶片的光合产物(糖类)积累于伤口以上枝芽中，从而提高切口以上的花的坐果率及果实的大小和含糖量。

刻芽，枣树枝干常有“光腿”现象，为了促使主芽萌发，在春季萌芽期间，在未萌发芽的上方约1厘米处横刻一刀，深达木质部，能局部截留根部运来的水分和养分以及根部产生的细胞分裂素，从而促进芽的萌发。

扭梢，在生长季将当年生枣头一次枝向下拧转，使木质部和枝皮软裂而不折断，枝条向下或水平生长，扭梢时期在枣头一次枝长至一定长度，尚未木质化处进行，扭梢的目的是抑制枣头旺盛生长，促使其转化为健壮的结果枝组。

环割，生长季在枝条基部用刀环割，深达木质部。目的是暂时切断和阻碍割环上部有机养分下运，有利于开花坐果。

环剥，又称开甲，指生长季对枣树主干或骨干枝进行环剥，用是暂时阻止光合产物向根部运输，使地上部分相对的养分积累增多，缓解枝叶生长与开花坐果对营养竞争的矛盾，从而提高坐果率和产量。环剥时间一般在盛花期，甲口宽度一般为0.3～0.8厘米，要求甲口在1个月左右愈合。

特别提示

枣树修剪常用的方法包括疏剪、短截、回缩、长放、开张角度、枝干造伤和根系修剪等。要注意在不同生长期时期采用不同的修剪方法才能达到不同的修剪目的，从而解决调整生长和结果的平衡关系。

94 枣树的主要树形有哪些？（视频13）

枣树的整形修剪，在增加枝叶量，促进坐果的同时，要注意随时整形，为丰产稳产建立牢固的树体骨架。适宜鲜枣生产采用的树形主要有以下几种。

小冠疏层形（图6-8） 树形优点是树体小，成形快，光照好；

主枝少，负载重量大，易丰产；修剪方法简单，地下管理方便。全树主枝5～6个，分3层着生在中心干上，第1层3个，第2层1～2个，第3层1个，主枝上不设侧枝，直接培养大中小型枝组，干高50～70厘米，主干直立，树高2.5厘米左右。

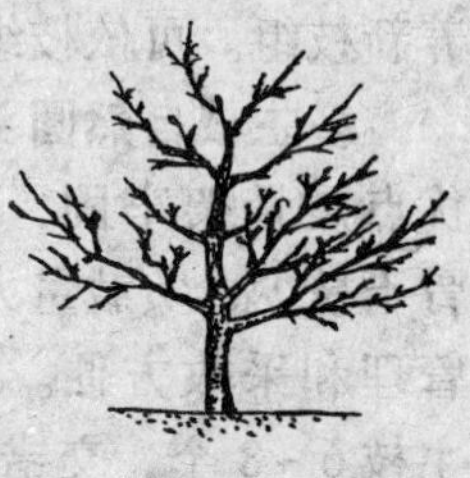

图6-8 小冠疏层形

整形修剪技术要点是在距地面50～70厘米处，选留3个长势均匀、角度适宜(基角45～60度)、方位好、层内距在10～20厘米处的1～3龄枝培养第1层主枝，主枝长1米左右；距第1层主枝上70～80厘米处选留1～2个枝条做第2层主枝，长度小于第1层主枝。第3层距第2层50～60厘米，选1个枝即可。3层主枝上直接培养大中小结果枝组。第1层以大型枝组为主，第2层以中型枝组为主，第3层以小型枝组为主。枝组相互交错，通风透光。树高达2.5厘米左右时，顶部及时回缩，增加下部养分积累。

自由纺锤形(图6-9)　树形优点是生长势强，通风透光好，成形快，修剪方法简单，枝组布局合理；树体小，产量高，地下管理方便。主干直立，无主枝，枝组直接着生在主干上；结果枝组下强上弱，下大上小；全树有枝组12～15个，树高2.5米左右。

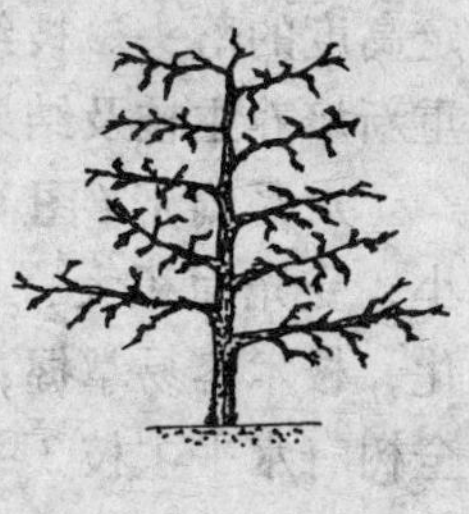

图6-9 自由纺锤形

整形修剪技术要点是在距地面50～70厘米处，选择角度大、生长壮的1～2龄枝条依下而上培养枝组。而下层枝组又以栽植密度决定大小。一般要求株间留有30～35厘米宽的发育空间，行间留80厘米的作业道。枝组培养方法可采用二次枝重短截、夏季摘心、拉枝等措施。主干上枝组为保证有旺盛的结果能力，3～5年可更新复壮一次。更新时，可在枝组基部6～10厘米处重截，刺激隐芽萌发新枝，培养新枝组。可依枝组情况，分批分年进行。

多主枝自然圆头形(图 6-10) 树形优点是骨架牢固，光照好，整形简单，骨干枝少，负载量大，结果早，宜丰产；管理和采收方便。干高 70 ~ 100 厘米，主枝 6 ~ 8 个，交错排列在中心干上、不重叠、不分层；主枝上直接着生中小型枝组。枝组与枝组间有一定的从属关系；干高 50 ~ 70 厘米，主干直立，树高 2.5 米。

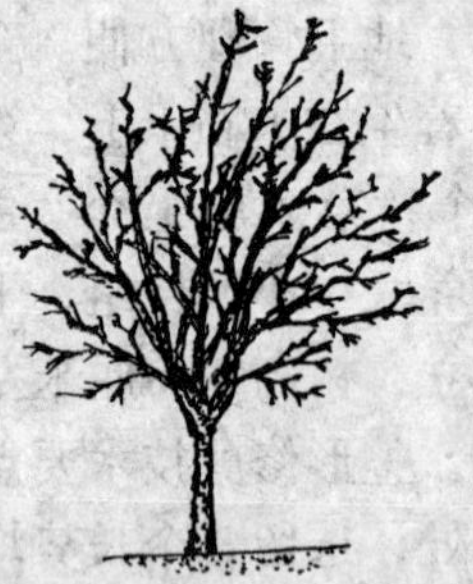

图 6-10 多主枝自然圆头形

整形修剪技术要点是在距地面 50 ~ 70 厘米处，选留长势强，方位好的 1 ~ 3 龄枝条，依下而上培养主枝，并使主枝均匀分布在心干上。各主枝上结果枝组的培养方法是将二次枝从基部剪除，促其主芽萌发枣头，在枣头长出 5 ~ 7 个二次枝时夏剪摘心，培养成中小型枝组。要求枝组交错，通风透光，立体结果。树冠达一定高度的落头。枝组 5 年生左右，可重回缩更新。也可主枝回缩重新培养主枝及结果枝组。

水平扇形(图 6-11) 树形优点是树冠小，受光面积大，早期产量高；修剪方法简化，枝术容易掌握；果实着色好，品质优良。全树有水平主枝 3 ~ 4 个，分向两个相反方向生长；主枝长度 1 米左右，顺行向枝展，树高 1.8 米左右，成形后为扇形；干高 40 厘米，各主枝层间距 40 ~ 50 厘米。

图 6-11 水平扇形

整形修剪技术要点是定植当年萌芽前将植株顺行向拉成近水平状，距地面 40 ~ 50 厘米，在弯曲背上选方位适宜，芽体饱满的主芽，剪去上方二次枝，然后主芽前部刻伤促发枣头培养主枝。次年再将此枝拉向另一方，如此拉平 3 ~ 4 个主枝，各主枝上配中小枝组为主，严格控制大型枝组。枝组分布均匀，通风透光良好。枝组培养采取二次基部剪除，待主芽萌发长到5~7个二次枝时，夏剪摘心。

特别提示

根据枣树品种、生长结果习性和栽培环境条件不同可整成不同的树形，哪一种树形都可以形成丰产的树体结构，“没有不丰产的树形”。

95 枣树物候期有何特点？怎样进行四季修剪？（视频14）

枣树的物候期是指枣树在年生长周期内，随季节(气候)的变化所出现的营养器官与生殖器官生长发育的动态时期。包括萌芽、展叶、开花、坐果、落叶、休眠等。枣树的物候期因年份、地区、品种而不同，其主要特点是比其他果树萌芽晚、落叶早。在华北地区枣树一般4月中、下旬萌芽；5月初展叶；5月下旬进入始花期，6月上、中旬为盛花期，6月下旬到7月份进入末花期，花期在1个月以上；在整个花期枣头、枣吊生长与花芽分化、开花、坐果、幼果发育同时进行，物候期重叠；花期过后6月底至9月初为果实发育期，9月初开始着色、成熟，10月上旬为完熟采收期，10月底落叶。枣树的生长期约为180天，果实发育期为120天左右。

鲜枣生产欲达到早果、高产、稳产和优质的目标，在整形修剪方面要根据枣树物候期特点，进行四季修剪。枣树在一年四季一直处于正常生长和结果状态，以往的枣树生产只重视冬季修剪而忽视其他季节的修剪，这种做法是不正确的，并且是有害的，因为生长季节才是枣树萌芽、开花、坐果和果实发育成熟等不断发展变化的关键时期。生长季节控制不好，就会给冬季修剪带来麻烦和造成无法挽回的经济损失。枣树四季修剪的原则和方法如下：

冬季修剪 也叫休眠期修剪，指冬季枣树落叶后处于休眠状态到翌年春季萌芽以前这个时期的修剪。枣树在果实采收后，叶片所制造的养分大部分用于贮藏，落叶以前，这部分养分要向基部大枝和根部运输并贮藏，第 2 年春季气温回升在向上运输，用于枝叶生长和开花坐果。这样在枣树休眠期间，幼龄枝条所含养分少，剪去后养分损失少，剩下的枝条到翌年春季得到养分将相对充足，从而使生长势加强。因此，冬季修剪主要用修枝剪剪去枝条或用锯疏除大枝，适合于树形培养，树冠扩大，或者老树更新及辅养枝改造等大手术。

冬季修剪时虽不影响光照和光合作用，但却影响从根系运往树上的营养物质和细胞分裂素等激素的数量，并使根系运来的营养物质和激素集中于保留下来的枝芽内，从而充实和促进芽体的增大和分化。因此，原则上冬剪时期以落叶后尽早进行为宜。

严寒地区剪口易冻伤，可在萌芽前 1 个月左右修剪。修剪时要按品种特性和种植方式采用不同树形整形，要求树体大枝结构合理，层次分明；小枝修剪互不交叉，互不重叠，留有余空。

春季修剪 春季枣树处于萌芽开花阶段，初生嫩叶光合作用低下，光合产物很少输出，不能供应其他器官，完全靠贮藏物质和根系吸收输送来的养分、水分以及激素物质。

春季修剪的主要措施是刻芽、抹芽、摘心、拉枝、拿枝、环割、环剥等，随枝、叶、果的生长情况及时调整和解决各种矛盾问题，保证生长结果的正常进行。针对大小枝条的光秃部分，春季刻芽和多道环切，可促进隐芽萌发，充实树体光秃部位，均匀分布枝条。花期前后拉枝、摘心、开甲（环剥）或环割，是提高坐果的有效措施。

夏季修剪 夏季枣树处于旺盛生长阶段，前期靠根系和枝干贮藏养分，后期靠新叶营养。处于多器官竞争养分阶段，枣头(营养枝)、枣吊(结果枝)、花、幼果、根系之间相互竞争，枝叶旺长，落花落果严重。

夏季修剪重在改善通风透光条件，通过抹芽、摘心、拉枝、拿枝等措施，达到“树下有花影，对面能见人”的标准。并进一步控制新梢生长，提高坐果率，采用摘心、环割、环剥等方法抑制新梢过旺生长，改变营养供应中心，提高坐果率。

秋季修剪　秋季枣树处于新梢营养后期，叶片光合产物大量下运，送入芽内、果实、枝干和根系。

秋季修剪以改善树体通风透光条件，提高果实质量为重点，剪截旺长枣头，减少养分消耗，充实枝条并提高果实质量。

9～11月份(或采果后落叶前)结合施用基肥，进行开沟断根，促进根系向深处发展，增大吸收面积和根系供应(如细胞分裂素等)能力。

特别提示

上述四季修剪过程中必须随时剪除病虫枝、叶和病虫果实，以防病虫发生和蔓延。

96 怎样确定枣树的修剪量?

修剪量包括从树上剪下来的枝叶量，不管是疏枝，还是短截，从树上剪下的枝叶越多，树冠的光合营养越下降，根系反应最敏感。根系的多少反过来又影响树冠的枝叶量和生长结果的平衡状况，产量和质量也就受到影响。

修剪树比不修剪树地上部枝叶和底下部根系的生长量都会降低，修剪量越大，差距越来越大。不修剪而用拉枝加长放的方法来促进结果，提高产量并能养根抗旱和抗瘠薄。

枣树幼树尽量不修剪而用拉枝加长放的方法促进结果；结果初期仍应以拉枝加长放为主要措施，必要时应加上适当的疏枝和其他促花措施，如环割、环剥等；盛果期枣树应注意培育健壮结果基枝(二次枝)和结果母枝(枣股)，保持生长与结果的平衡；结果后期和衰老期的枣树可加大修剪量，注意回缩衰弱主枝，加强更新修剪。

特别提示

枣树幼树从树上剪下的枝叶越少越好，盛果期枣树应注意疏枝通风透光，衰老期的枣树可加大修剪量，回缩衰弱枝，更新复壮。

97 枣幼树期生长有何特点？怎样修剪？

在枣树一生中，经历生长、结果及衰老等过程，枣树幼树经从苗木定植到主要骨干枝形成，又称主干延伸期。此期以营养生长为主，根系发育旺盛，以水平延伸为主，枣头多单轴延伸，虽有开花但结果很少，此期短者3～4年，长者7～8年。

枣树幼树期生长旺盛，幼树修剪应以整形为主，提高发枝力，加大生长量，迅速形成树冠。枣树成枝力弱，枝条较稀疏，不利光合产物的形成和积累，树冠形成时间长，前期产量上升缓慢，因而增加幼树期枝量是此期修剪的中心任务，栽植后要早定干，促使早发枝，对于骨干枝上萌发的1～2年生发育枝，根据空间大小对二次枝短截，培养成中小结果枝组。

幼树修剪原则是轻剪为主，夏剪为主，增强树势，加速分枝，迅速形成较强结果能力，逐年提高早期产量。在生长季，对于生长较旺的枝梢，根据间大小，对新梢及时摘心，抑制生长，促使形成健壮枝。尽量少疏枝，要多留枝，促使树冠的形成。开花前对当年萌发的发育枝进行摘心，以促使花芽分化和开花结果。对于多余无用芽在萌芽后应及时抹除，对于生长过旺的植株和枝，在花期环割，以提高坐果率。具体整形修剪方法如下：

树形的培养 定植后当年或定植后的第 2 年定干，定干时间应在早春发芽前进行，定干后应将剪口下的第一个二次枝从基部剪除，以利于主干上的主芽萌发的枣头培养成中心领导枝。接下来选择 3 ~ 4 个二次枝各留 1 ~ 2 节进行短截，促其萌发枣头，培养第一层主枝。对第一层主枝以下的二次枝应全部剪除，以节约养分消耗，加速幼树的生长发育。定干高度一般为 40 ~ 80 厘米。

主、侧枝的培养 枣树定干后的第二年，应选一生长直立强壮的枣头做中心领导枝，在其下部选 3 ~ 4 个方位好、角度适宜的作为第 1 层主枝，其余的可剪去。第 3 年，中心领导枝在 60 ~ 80 厘米高处进行短接并剪除剪口以下第 1 个二次枝，利用主干主芽抽生新的枣头，继续做中心领导枝。接着再选和第 1 层错落着生的 2 ~ 3 个二次枝各留 2 ~ 3 节短截，培养第二层主枝。以后，以同样的方法培养第 3 层以上主枝。形成主干疏散形树冠。

结果枝组的培养 结果枝组的培养总的要求是枝组群体左右不拥挤，个体上下之间不重叠，并均匀地分布各级主、侧枝上。随着主、侧枝的延长，以培养主枝的同样手法，促使主枝和侧枝萌生枣头。再依据空间大小、枝势强弱来决定结果枝组的大小和密。一般主、侧枝的中下部，枣头延伸空间大，可培养大型结果枝组，当枣头达到一定长度之后，及时摘心，使其下部二次枝加长加粗生长。生长势弱，达不到要求的枣头，可缓放 1 年进行。主、侧枝的中上部，枣头延伸空间小，为保证通风透光条件，层次清晰，应培养中型枝组。生长弱的枣头，可培养成 3 ~ 4 个二次枝的小型枝组，安插在大、中型枝组间。多余的枣头，应从基部剪除，以节约养分，防止互相干扰。以后随着树龄的增大，主、侧枝生长，仍按上述方法培养不同类型的结果枝组。

特别提示

幼树修剪原则是轻剪为主，夏剪为主，增强树势，加速分枝，迅速形成较强结果能力，逐年提高早期产量。

98 结果初期枣树生长有何特点？怎样修剪？

枣树经历幼树的生长期，开始生长结果期，此期营养生长仍较旺盛，分枝量增多，树冠不断扩大，树体骨架基本形成，并逐渐由营养生长转为生殖生长，但坐果较难，产量不高。

此期树冠尚未形成，树冠继续扩大，仍以营养生长为主，但产量逐年增加。这一时期修剪的目的是调节生长和结果的关系，使生长和结果兼顾，并逐渐转向以结果为主。此期修剪应以疏枝、回缩、短截和培养为主，按照“四留五不留”原则进行修剪。

“四留”：即外围的枣头要留；骨干枝上的枣头要留；健壮充实有发展前途的枣头要留；具有大量二次枝和枣股、结果能力强的枣头要留。

“五不留”：指下垂枝和衰弱枝不留，细弱的斜生枝和重叠枝不留，病虫枝和枯死枝不留，位置不当和不充实的徒长枝不留，轮生枝、交叉枝、并生枝及徒长枝不留。

此期要继续培养各类结果枝组，在冠径没有达到最大之前，继续对骨干枝枣头短截，促发新枝，增加骨干枝的生长量，继续扩大树冠；当树冠已达到要求，对骨干枝的延长枝进行摘心，控制其延长生长，并适时开甲，实现全树结果。初果期还要继续培养大、中、小型种类结果枝组，搞好结果枝组在树冠内的合理配置。要及时进行开甲，使全树结果，做到生长结果两不误。

特别提示

结果初期枣树修剪的目的是调节生长和结果的关系，使生长和结果兼顾，逐渐转向以结果为主。

99 盛果期枣树生长有何特点？怎样修剪？

枣树经历幼树的生长期、结果初期的生长结果期，开始盛果期的结果期，此期树冠和根系已达到最大限度，生长变缓，结果量迅速增加，产量达到高峰，是经济效益最佳时期，后期开始出现向心更新枣头，此期一般持续50年以上。

盛果期树冠已经形成，以营养生长为主转向结果期，此期生长势减弱，枝组稳定，树冠基本稳定，结果能力达到最强。在这一阶段的后期骨干枝先端逐渐弯曲下垂，内膛枝出现枯死，结果部位开始外移。修剪的任务是通风透光，更新枝组，集中树体营养，大力促进结果，以稳定产量，增强树势，提高果实品质。修剪宜采用疏缩结合的方式，打开光路，引光入膛，培养内膛枝，防止内部枝条枯死和结果部位外移，注意结果枝组的培养和更新，提高叶片的光合效能，延长结果年限。具体修剪方法是：

间伐 对株间临时性植株和高密度栽植光照条件恶化的枣园，要采取间伐的办法打开光路，才能保证结果良好。

疏枝 随着结果负载量的增加和树树龄的增长，主、侧枝和结果枝组枝组先端下垂，再加上外围常萌生许多细小枝条，形成局部枝条过密、相互拥挤重叠、光照不良，导致枣树枝条大量死亡和衰亡。所以，在冬季或夏季修剪时，应及早疏除密大枝，保证大枝稀、小枝密，枝枝见光，内外结果，立体结果；对层间直立枝、交叉枝、重叠枝、枯死枝、徒长枝、细弱枝等，凡无位置、无利用价值者均应疏除，以打开层次，疏通光路，减少消耗。

回缩 主干回缩防止上强下弱，结果外移，产量下降；有位置的交叉枝、直立枝、徒长枝等回缩培养结果枝组；主枝、枝组回缩更新复壮，培养新主枝、枝组，集中养分供给，促使所留枝健壮生长，保证旺盛结果能力。二次枝大量死亡，骨干枝出现光秃，枣吊细弱，产量下降的树体，要进行重回缩，利用潜伏芽寿命长的特点，促其萌发成枝，提高产量。

特别提示

盛果期修剪的任务是通风透光，更新枝组，集中树体营养，促进结果，稳定产量，增强树势，提高品质。

100 衰老枣树生长有何特点？怎样修剪？

枣树进入衰老期后，树冠内膛枝条枯死增多，树势衰退，树体残缺不全，树冠和根系逐年回缩，产量较低，品质下降。枣树一般在80～100年左右进入衰老期。立地条件好的，衰老期过后可进入另一循环，寿命可达千年以上。

在衰老期由于枣树隐芽寿命很长，通过合理更新，会逐渐形成新的树冠并恢复产量，使老树“返老还童”。

回缩更新 对焦梢、残缺少枝的骨干枝，回缩，采取先缩后养方法培养新的骨干枝和结果枝组。更新程度要按有效枣股的数量多少，锯掉骨干枝总长度1/2～2/3，促其后部萌生新枣头，培养成新的骨干枝；也可采取先养后缩的方法，即在衰老骨干枝的中部或后部进行刻伤，有计划地培养1～2个健壮的新生枣头，然后回缩老的骨干枝，达到更新的目的。

调整新生枣头 骨干枝更新后，往往萌生很多枣头，如不注意调整，树冠就会很快郁蔽，枝条丛生，光照不良，影响新生骨干枝枣头的延长生长，达不到预期的目地。因此，对新生枣头必需加以调整，去弱留强，去直立留平斜，防止延长性的枣头过多地消耗营养，扰乱树形。同时，用摘心、支、拉等方法开张主枝角度，尽快利用更新枣头形成新的树冠。

特别提示

老枣树需进行更新修剪，复壮树势。

101 怎样修剪枣树放任树?

枣树放任树是指管理粗放、从不修剪或很少修剪而自然生长的枣树。老的枣产区这类树较多，大多树冠枝条紊乱，通风透光不良，骨干枝主侧不分，从属不明，先端下垂，内部光秃，结果部位外移，花多果少，产量低、品质差。

对放任树进行修剪，要坚持“因树修剪，随枝作形”的原则，不强求树形。主要任务是疏除过密枝，打开层间距，引光入膛。对于背上枝，如有空间，将其培养成结果枝组，否则把它疏除掉，增强骨干枝延长枝的生长势，使主侧枝从属分明。对于先端已下垂的骨干枝，要适当回缩，抬高枝头角度。对于病虫枝、细弱枝、枯死枝要及时疏除。

特别提示

放任树的修剪要坚持“因树修剪，随枝作形”的原则，主要任务是疏除过密枝，打开层间距，引光入膛。

7

鲜枣丰产优质栽培

鲜枣丰产优质栽培应注意花期管理。采取花期叶面喷肥、喷水、喷赤霉素、喷硼砂、盛花初期环剥技术措施提高坐果率。通过抹芽节省养分增强树势，通过摘心减少养分消耗，通过疏除过密枝通风透光增强光合作用，通过拉枝缓和树势等均可有效提高坐果率，实现丰产。发展鲜枣生产应以矮化密植栽培为主。枣的早果性强，且鲜枣生产需人工采摘，为了获得鲜枣早期丰产，所建枣园应以密植栽培为主，低干矮冠便于管理和采收。为追求早期产量来得快，可先密植，结果三五年后隔株或隔行间伐，也可再加大密度，搞草地枣园。发展鲜枣保护地生产前景非常广阔。在大棚、温室等设施下种植鲜枣，可提早成熟，提前供应市场。还可采用控温延缓发芽，推迟枣果成熟期，延长鲜枣的市场供应期。

102 为什么枣树落花落果严重?

枣树花量很大，但是落花落果非常严重，自然坐果率一般仅为1%左右。花期至幼果期严重落花落果，采收前也有少量落果，一些品种采前落果情况还较为严重。枣树落花落果有如下一些原因：

营养消耗多 枣树本身的特性决定，枣树花芽是当年分化，当年形成，花量大，使得营养消耗多。

物候期严重重叠 在枣树的年生长周期中，花芽分化、枝条生长、开花坐果及幼果发育几乎同时进行，物候期严重重叠，各器官间养分竞争激烈，营养生长和生殖生长的矛盾尖锐，致使枣树落花落果严重。

管理水平不高 尤其在枣园的立地条件差，管理水平不高，枝条细弱，或修剪过重，枝条旺长，树体郁闭，光照不足，营养缺乏时更加明显。枣尺蠖、枣瘿蚊、绿盲蝽和枣锈病等严重发生，造成树体营养不良，引起落花落果。

气候条件不利 枣树花粉发芽需要一定的温度和湿度，一般枣树花粉发芽的适温为24~30℃，温度过高或过低对花粉发芽均不利。枣树花粉发芽的适宜相对湿度在70%~80%，空气过于干燥，相对湿度低于40%~50%，则使花粉发芽率降低，严重影响坐果。花期易旱，缺水则易形成“焦花”和落花落果。花期连阴雨，光照不足，光合作用制造的有机养分少，也易导致大量落果。

特别提示

枣树落花落果非常严重，自然坐果率一般仅为1%左右，花期必须采取技术措施提高坐果率，才能实现丰产。

103 怎样提高枣树坐果率？

枣树花芽分化与一般果树不同，其特点是当年分化、随生长随分化、分化期短、分化速度快、分化期持续时间长。一般每个枣吊着花30~50朵，花期很长，多在30天以上，枣花较小，花径仅6~8毫米，盛开时蜜汁丰富，香味浓郁，为典型的虫媒花。

枣花开放当天授粉坐果率高(50%)，第2天授粉坐果率显著地降低(2%)，以后授粉则全部脱落，枣落花落果严重与单花有效授粉期短也有关系。在自然状况下，枣花需授粉才能结果，很多品种自花授粉也能结果。因此，很多枣区常栽种单一品种，不配植授粉品种。但是，异花授粉可提高坐果率。而有些品种则必须配植适当的授粉品种。因此，建园时应需考虑为主栽品种配植适宜的授粉树。

枣花授粉和花粉发芽均与自然条件有关，低温、干旱、多风、连雨天对授粉不利。花粉发芽要求较高的气温。气温达到27～28℃时，发芽率最高。空气湿度太低(40%～50%)通常也影响花粉的发芽，生产上在花期喷水，就为花粉发芽创造条件，可以提高坐果率。

促花坐果，减少落花落果，发挥枣树增产潜力，在生产上要通过采取综合措施提高枣树坐果率。

保证花期营养供给 加强土肥水管理，花前可追施速效性肥料尿素、过磷酸钙、氯化钾，也可用腐熟的人粪尿和草木灰兑水后浇施，叶面喷肥及时补充树体急需养分。开花期和幼果迅速生长期及时补水。

实施花期修剪 花期修剪是一种重要的技术措施，调节营养分配，养分集中，加强二次枝和枣吊的发育，提高坐果率。春季抹芽，可减少养分消耗，有利于通风透光；对一次枝、二次枝、枣吊摘心，可抑制营养生长，促进生殖生长；对生长直立的枣头，花前及花期将其拉平，使通风透光良好，减缓枝条营养生长。

开甲(图7-1) 枣树环剥，或称环状剥皮、嫁树等，是促花坐果的有效措施。枣树开甲时间一般在盛花期进行，开甲方法是幼树首次开甲部位选在距地面20厘米左右树皮光滑处进行，第二年在离上年甲口上部5厘米处进行，先在开甲部位绕树干1周将老树皮扒去，形成1圈宽2厘米的浅沟，深度以露出白色嫩皮(韧皮部)为度。再用刀在嫩皮处绕树干切2圈，上面一圈使刀与树干

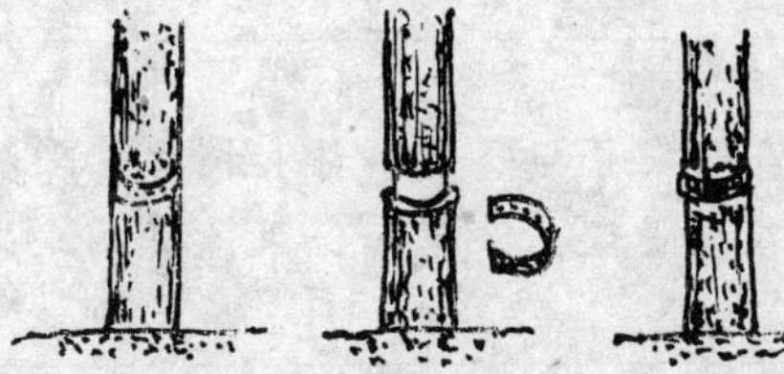

1.主干环切2圈；2.取下韧皮部；3.甲口愈合

图7-1 开甲

垂直切入，下面一圈使刀与树干成45度角向上切入，均深达木质部，将上下切断的韧皮部剔出，甲口宽窄要根据树龄、树势和管理水平而定，一般干径4～10厘米的幼树剥口宽0.3～0.5厘米，干径10厘米以上的为0.5～0.7厘米。开甲后要注意甲口的保护，3～5天后，在甲口喷涂2～3次杀虫剂防治虫蛀。如树势过旺，花期或幼果期还可进行二次环剥和多次环剥。

喷施植物生长调节剂和微量元素 花期喷施植物生长调节剂和微量元素，可有效调节营养物质分配和提高营养水平，促进细胞分化，提高坐果率。通常花期喷施赤霉素10～20毫克/千克、花期喷硼酸钠(硼砂)300毫克/千克。

花期喷水 枣花粉发芽需要较高的空气湿度，花期天气干旱，影响枣树的授粉受精，造成严重减产。花期喷水，可提高空气湿度，提高坐果率。一般年份喷水2～3次，严重干旱年份可喷3～5次，一般每隔1～3天喷水一次。喷水时间以傍晚为好。

花期放蜂 枣花需授粉，才能结果，枣树为典型的虫媒花，花蜜丰富，香味浓，蜜蜂是最好的传粉媒介。枣园放蜂，可提高坐果率1倍以上，高者达3～4倍。一般将蜂箱均匀地放在枣园中，蜂箱间距不超过300米。枣园放蜂期间，要严禁使用杀虫剂，以防毒杀蜜蜂。

特别提示

枣花授粉和花粉发芽与气候条件和树体管理技术措施密切相关，加强枣树花期管理，保花和保果，提高坐果率，是保证枣树稳产丰产的根本。

104 怎样防止采前落果？

枣果成熟前生长迅速，膨大快，容易造成落果，提早脱落的枣果，没有商品价值。枣树采前落果原因很多，品种特性、雨量过多、日照不足、风害、高温干旱、氮肥施用过多、病虫危害等都可能导致采前落果。为防止落果，可采取如下措施：

保证树体营养 在枣果成熟前是迅速膨大期，需从树体摄取大量营养物质，此时要保证树体养分充足，养分不足，势必造成大量落果。

喷赤霉素 幼果期树上喷浓度10～20毫克/升赤霉素能显著减少生理落果和采前落果。

分批采收 由于枣果成熟期不一致，应分批采收，可在枣果半红时采收，避免过分成熟，落果严重。

特别提示

枣树采前落果原因很多，防止采前落果，一要保证树体养分充足。二可在幼果期喷浓度10～20毫克/升赤霉素。三要在枣果成熟时分批采收。

105 造成枣树低产的原因有哪些？

品种不良，丰产性差 有些枣品种丰产性差，不易坐果。即使是一些名优品种，由于栽培历史悠久，在产地也有许多变异类型，它们的丰产性能高低不一。栽培品种的参差不齐势必影响枣园的产量，导致低产。

枣股年龄老化，坐果率低 不同枣品种枣股的适宜结果年龄不同。如梨枣以一年和两年生枣股结果最好，5 年以上则结果差。

枣树枝量不合适 枝量过大或过小都会造成树体结构不合理、枝组紊乱，导致低产。

土壤肥力低 有的枣园多年不施肥，也不进行耕作或深翻，造成树体营养极度缺乏，导致枣树低产甚至绝产。

盲目施肥，造成营养失调 有些枣区在给枣树施肥上存在盲目性，只施碳铵、尿素等。氮肥过量表现为叶片黑绿，花少，坐果率低，果实品质差。

花期遇不良天气 在盛花期若遇高温、干燥或大风天气易造成焦花现象；如在早春遇连续低温天气，枣树花芽的分化会受到影响，形成的花量少，从而导致低产。

病虫害 目前严重危害枣树的害虫有枣步曲、枣粘虫、枣桃小、绿盲蝽、红蜘蛛、介壳虫等几种，严重时害虫可将枣叶吃光或使叶片失去光合能力，从而造成低产甚至绝产。枣树病害主要有锈病、炭疽病及褐斑病等，发生严重时可造成大量叶片脱落甚至落光，造成低产甚至绝产。

特别提示

造成枣树低产的原因很多，品种、枝龄、修剪、土肥水管理、病虫害及不良天气等都与枣树产量密切相关。枣树丰产栽培，就要提高枣树综合管理水平，保证每一项技术措施的及时到位。

106 怎样提高低产枣树的产量?

高接换优，改良品种 有些枣品种或类型丰产性差，一些传统的名优品种，由于栽培历史悠久，生产中会有许多变异类型，它们的丰产性能高低不一，品质参差不齐；还有一些新建枣园缺乏对品种的选择了解，盲目建园，造成引进品种不适应当地环境条件，不能达到理想的收益。提高低产枣树产量的基础工作之一就是优选丰产优质品种或是通过高接的方法，改良品种，从而提高产量。

因树制宜，合理修剪 枣园种植密度过稀，使土地、光能大量浪费影响丰产；幼树生长旺盛，特别是密植枣园，枝量易过大，造成树体郁闭，枝组紊乱，光照条件差，枝条细弱，不宜结果，或叶片染病，果实生长不良；老枣树多易枣股老化，坐果率低。对于不同树体情况，要因树制宜，合理修剪。种植稀疏者加密，合理密植；树体郁闭者，疏枝透光；老树衰者，回缩更新。

施肥沃土，提高地力 一些枣园多年不施肥，不进行耕作或深翻，枣园土壤瘠薄，有机质含量很低，造成衰弱。通过土壤施肥，提高地力，能显著增产。另一些果园，盲目施肥，造成营养失调，例如施入尿素等氮肥过量，则叶片黑绿，花少，坐果率低，枣果品质差。要注意平衡施肥，增施有机肥，全面提高土壤肥力。

保花促果，提高产量 采取花期开甲，花期摘心等措施，可以显著提高坐果率。花期遇高温、干燥或大风天气，采取枣园灌水，树上喷水等措施，可以减少因干旱焦花现象，有利于授粉受精，提高产量。

防治病虫，增产增收 一些危害枣树的病害害虫如枣步曲、枣粘虫、枣桃小、红蜘蛛、枣锈病、枣炭疽、枣裂果等发生严重时，可造成低产或绝产。生产中采取综合防治措施，防控病虫，才能保证增加产量，提高品质，增产增收。

特别提示

改造低产枣树要加强水肥、合理修剪、促花坐果、防病虫。

107 鲜枣矮化密植栽培有哪些好处?

枣树的栽植方式主要是大冠稀植，产量低、效益差、管理难、品质差，随着科学技术的进步，枣树和其他果树一样，正向着集约化密植栽培的方向发展。鲜枣生产作为新兴的水果产业，应大力推广矮化密植栽培技术。山西省交城县林业科学研究所的密植枣园，栽植第2年每亩产量达393.7千克，第3年达1391.4千克。草地枣园，即枣树超密栽培试验，栽植当年每亩产量119.3千克，第2年762.3千克，第3年达1272.6千克，第4年达1738.5千克，极大地推动了我国枣树矮化密植栽培技术的普及。鲜枣矮密栽培比大冠稀植栽培具有以下优点：

适合采摘 鲜枣采收必须人工采摘，树体高大，无法人工采收，用竿打枣、机械采收、化学采收，严重影响鲜枣品质，不适于鲜枣收获。枣树矮化密植栽培，为鲜枣生产创造了必须条件。

提早丰产 “桃三杏四梨五年，枣树当年就还钱”，是指枣树的早果习性。但是，枣树大冠稀植，一亩地十几株树到几十株，要有一定的经济产量，往往需要很长时间。采用密植栽培，由于单位面积株数多，一亩地栽植近百株到几百株，能经济地利用土地，这样，才能实现枣树早果丰产。

便于管理 枣树矮化密植后，树体变小，不但有利于采摘，而且有利于修剪、肥水管理及病虫害的防治，既可提高工效，又可减少投资。

品种更新快 枣树矮密栽培还为今后品种更新打下了良好的基础。枣鲜食品种会随着人们口味的变化及其他方面的新要求而不断变化，枣树矮密栽培能够适应这一要求。利用矮密栽培技术，栽植或改接新品种当年或短期内就可以实现品种更新，所以枣树矮密栽培具有重要的生产意义。

经济地利用土地 枣树实行集约化密植栽培，以最少的土地生产最多的枣产品，以满足人们对枣果的需要，同时为枣树种植者创造更大的经济效益。

特别提示

发展鲜枣生产应以矮化密植栽培为主，枣的早果性强，且鲜枣生产应人工采摘，为了获得鲜枣早期丰产，所建枣园应以密植栽培为主，低干矮冠便于管理。

108 为什么说枣树最适合矮化密植栽培?

从近年的生产实践看，枣树非常适合矮密栽培，从枣树的生物学特性方面看，枣树进行矮密栽培有以下优势：

水平根发达，便于管理 枣树的根系特点非常适合矮密栽培，其水平根发达，分布层浅，根系集中，有利于肥水管理和控制根系生长。

酸枣砧具有矮化作用 枣树多用酸枣做砧木，酸枣本身具有矮化作用，也为枣树进行密植栽培提供了可能。

早花早果性强 枣树早花早果性强，花芽形成较其他果树容易得多，这是密植丰产的重要基础。

树体易于控制 枣树枝芽间可以相互转化，使树体变得极易控制，营养生长和生殖生长的平衡关系容易把握和调节，树体大小也容易控制，并能长期保持相对的稳定。

易于修剪 枣树对修剪的反应不敏感，从而可简化修剪措施，且树形和枝组也较容易培养。

经济寿命长 枣树的隐芽寿命长，容易更新，且更新后马上就能开花结果。

特别提示

枣树的生物学特性决定枣树是具有早果能力的树种，其早花早果习性为矮密栽培奠定了生物学基础。

109 怎样才能实现枣树矮密栽培早期丰产?

树势健壮 健壮的树势是枣树早期丰产最根本的条件。只有生长健壮，树体才能快速生长，随着干径的增粗和冠径的增大，幼树才能有结果能力。

枝叶量大 树体对光能的利用和对二氧化碳的吸收与叶量有关。叶量多，叶面积大，接受光照的面积较大，吸收二氧化碳的面积也大，因此能量的转化就多，形成的有机物质也就多。密植园之所以比稀植园丰产，主要是早期单位土地面积上的总叶面积大。

树体结构合理 树体结构包括树体大小、树冠形状、树高、冠径和间隔、干高、叶幕配备、骨干枝的数目、主枝分枝角度和枝组配备等。合理的树体结构才能保证枣树个体和枣树密植园群体对光能的高效利用，保证枣树个体和群体对空间和营养的合理分配，从而保证早期丰产。

生长结果协调 枣树幼树期生长势强，生长量大，密植栽培后很容易使树冠密闭、通风透光不良，从而使幼树期的树只长树不结果。因此，必须有一套包括修剪、化控等有效的措施来对树体进行合理调控，以促进树体由营养生长向生殖生长转化，从而达到早期丰产的目的。

特别提示

枣树矮化栽培要想达到早期丰产的目的，必须通过科学的土肥水管理健壮树势、正确的整形修剪形成合理树体结构、有效的措施调控树体促进枣树由营养生长向生殖生长转化，从而达到早期丰产的目的。

110 鲜枣设施栽培有何意义?

在气候条件难以满足枣树生长发育的地方利用设施栽培，或非季节性生产，增加时令鲜枣的栽培方式叫鲜枣设施栽培。设施栽培可以人为地控制枣树生长的环境，减轻不良气候条件对鲜枣生产的危害，使成熟期提前或者延后，延长鲜枣上市时间，还可有效地减轻裂果，提高品质。鲜枣设施栽培与露地种植不同，这是一种新兴的生产技术，其重要意义如下：

便于控制环境因子 温度、湿度、光照等环境因子在露地条件下都是顺其自然，而设施栽培，可以调节与枣树生产相关的温度、湿度、光照、水分、二氧化碳等因素，使得这些因素适于枣树的正常生长和发育。从而达到在不适于枣树生产的地区、不适于枣树生产的季节能够进行枣树生产。

延长鲜枣上市时间 鲜枣设施栽培可以实现枣果提前成熟、提前上市；也可以推迟鲜枣的成熟期，延后上市。延长了鲜枣的市场供应时间，丰富了果品市场，满足了消费者需求。

扩大鲜枣栽培区域 一些晚熟枣品种，在北方寒冷地区引种，温度条件不能满足果实发育期要求，如采用设施栽培，则可以将一些品种适宜种植界限北移，扩大了栽培范围。

提高鲜枣品质 设施栽培可以规避不良环境因子对枣树生长的危害，提高其对自然灾害的抵抗能力。在北方地区枣树花期正值高温干旱季节，不利于枣树坐果，而设施栽培有效地改善了温湿环境，对提高枣树坐果率、抵抗高温干旱有积极的作用。鲜枣在成熟期遇雨会发生严重的裂果，并且极易感染枣果铁皮病，在避雨棚、塑料大棚或温室条件下栽培枣树可以使鲜枣在成熟期间避开雨水，大幅度减轻裂果，增强抗铁皮病的能力，从而提高产量和质量。

充分利用土地资源 鲜枣设施栽培在人工环境条件下，使生产不受季节限制，可以充分利用时间和空间进行栽植，使有限的土地资源和冬季闲置的劳动力资源得到充分利用。

提高经济效益 鲜枣设施栽培的目的是延长鲜枣供应期，在鲜枣大量上市之前或之后的供应淡季能提供优质鲜枣，其经济效益要比普通露地栽培高得多。

鲜枣设施栽培有诸多好处，但也存在不足。一是设施建设，及增温补光等投入，势必增加生产成本。二是设施内(避雨棚除外)内种植枣树，由于空气湿度大，一些病害发生严重。三是温室墙壁、塑料膜不可避免地减弱光照，导致枣树受光状态恶化，树旺而不壮。设施内需选择耐弱光鲜枣品种种植。四是设施内和外界大气的交流少，造成二氧化碳(CO_2)浓度低，影响光合作用和枣树生长。生产中需注意增加设施内空气中的二氧化碳(CO_2)浓度，提高光合强度。五是枣树设施栽培还属新鲜事物，最适栽培技术的研究刚刚起步。筛选适合设施内种植的耐弱光品种和完善栽培技术是当务之急。

特别提示

鲜枣设施栽培的意义在于使成熟期提前或者延后，延长了鲜枣上市时间。

111 鲜枣设施栽培有哪些类型？（视频 15）

加温温室（图 7-2） 加温温室是一种具有加热措施的温室，燃料或能量来源除太阳光外，可以利用煤炭、柴草、电力、天然气、温泉等。在寒冷的冬季或早春，为了保持温度，尽可能地减少和外界的热量交换。

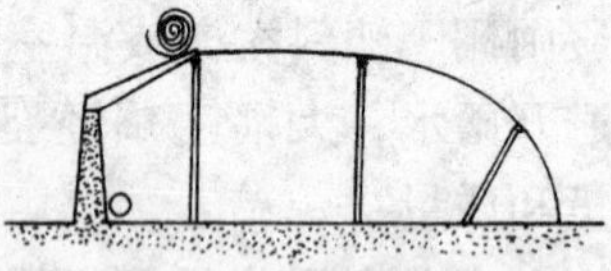

图 7-2 加温温室

加温温室的基本构造一般由三部分组成，一是北墙和东西山墙。由砖、石筑成或用夯实土、草泥垛筑成，不透风，不透光。主要功能是支撑屋面，阻挡室内外的热交换，是温室的围护部分。二是后屋面。由柁、檩、椽组成支架，其上铺垫作物秸秆、草泥、炉渣等物，也可以直接用水泥预制板盖成。主要功能是连结前屋面和北山墙、东西山墙及保温、承重。三是前屋面。又叫采光屋面，由支撑结构和透光的覆盖材料（塑料膜）组成。支撑结构主要由立柱、拉杆或拱架组成，有竹木结构的，也有钢管、水泥钢筋构件组成的。前屋面的主要功能是接受太阳光透入温室内和减少室内散热。夜间用草苫、纸被等保温材料覆盖防止前屋面散热。温室前屋面前方地面要挖防寒沟，沟宽、深各 40～60 厘米，内填秫秸、杂草等，其主要功能是阻隔室内、室外土壤的热量交换。

温室的规模依需要而定，一般为了便于升温和管理，以 1 亩地为宜，其屋脊高度为 2.8～3.5 米，跨度 7～11 米不等，长度因需要和地形而定。

加温温室的设计要着重考虑以下几点：第一，场地选择。要选择地势平坦、开阔，东、南、西三面无高大建筑物及树林遮阳、光照好的地方。还要避免在风口、冰雹线等常发生自然灾害的地方。土壤要肥沃，水源要充足，交通要方便。第二，场地布局。

建多栋温室时工作间、农具室、生产资料库等要设在温室群中心，以方便日常管理。南北方向温室距离应大于当地冬至前后正午时前排温室形成的阴影距离。第三，采光设计。一般采光面朝正南，东西方向延长。采光屋面的角度是变化的，在温室的前沿底角附近保持60度左右，中部保持在30度左右，上部靠近屋脊处为10度左右。采光屋面以圆面和抛物面组合式屋面透光率最高。后屋面的仰角应略大于当地冬至正午时的太阳高度角，以保证冬季阳光能照满后墙。后屋面保持适当宽度，在北方地区以1.2米为宜。一般温室长度以60～80米为宜。第四，保温设计。墙体厚度，一般土墙以1.0米左右为宜，砖墙以50～60厘米为宜，有中间隔层。后屋面厚度在30～40厘米，或60～70厘米。前屋面保温材料保温效果要好。温室前要设防寒沟。室内地面可覆膜增温。通风宜采用上通风即“扒缝”通风，或设通风窗。进出口应设在山墙一端，以设在东山墙为宜，要设木门，挂棉门帘，并紧靠出口盖缓冲操作间。

日光温室（图7-3） 日光温室结构、规模、设计要点和加温温室相似，只是没有加温补温措施，其能量来源主要依靠阳光，白天积蓄太阳能，晚间用草苫或纸被等进行保温来维系枣树生长所需要的温度。枣树日光温室栽培的物候期较加温温室晚，但种植成本低。

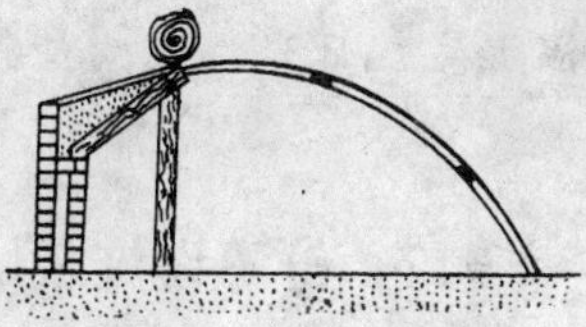

图7-3 日光温室

塑料大棚（图7-4） 塑料大棚是以骨架为依托，塑料薄膜全面覆盖的一种设施形式。没有其他覆盖物保温，也没有墙壁的屏蔽。其内物候期较露地可以提早1个月左右，保温效果较

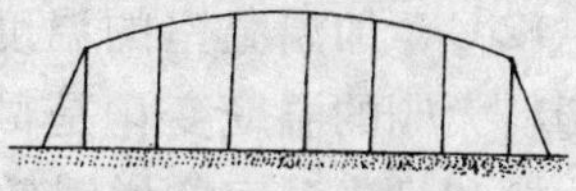

图7-4 塑料大棚

日光温室差，不能进行越冬生产，只能在春秋季节使用。

进行枣树栽培的塑料大棚脊高为3.0～3.5米，肩部高1.2～1.5米，跨度7～12米，长度不等。规模一般为1亩左右。其结构多为钢管结构，也竹木结构和钢筋水泥预制而成的弓架组装而成。

避雨棚(图7-5)　避雨棚是一种新型的枣树设施栽培形式，主要目的是避雨，减轻裂果和病害，提高枣果的外观品质和商品性，扩大枣树的种植范围。

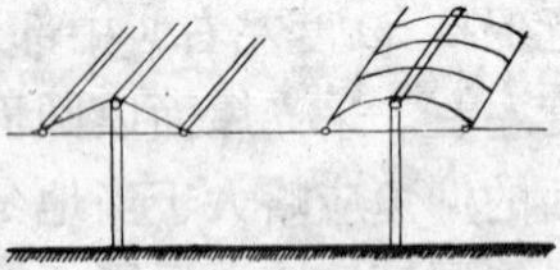

图7-5　避雨棚

避雨棚的结构比较简单，顺枣树行向，在其顶部搭成弓形棚，其跨度因树冠大小而定，以完全覆盖住枣树树冠为宜。

特别提示

在保护地设施条件下种植鲜枣，依据生产目的，可选择加温温室、日光温室、塑料大棚和避雨棚栽培。

112　鲜枣设施栽培的环境条件有何特点？

温度条件　在温室或大棚内，由于覆盖薄膜，减少了热量的辐射和对流，可以较多地保留住太阳的热能，使得棚内温度较外界高，人们称之为“温室效应”。早春的平均气温可以较外界高8～12℃，加温温室的温度可以随时调升至枣树生长的最适温度。塑料大棚的温度变化是早晚内外温差小，中午时温差较大。塑料大棚和日光温室的增温效果受天气影响很大，一般晴天时棚内增温明显。

加温温室的土壤热量来源是太阳能和燃料等，而日光温室和塑料大棚内的热量来源完全依靠太阳能。白天太阳光透射温棚薄膜，土表温度升高，地面的大量热量从土表传向深层，使土温升高，因此，棚内地温受气温的影响很大。

湿度条件 温室或大棚是一个密闭系统，为了保持温度，很少通风，一般棚内湿度很高。特别是阴雨天和低温寡照天气更易于造成棚内湿度过高的状况，致使枣树生长减慢，极易感病。所以，生产中要尽量降低棚内的空气湿度。

光照条件 一般新薄膜的透光率为89%，由于塑料薄膜经常凝结小水珠和受雨水、尘埃的污染，其透光性逐渐降低。污染后的薄膜的透光率只有74%，有水滴的透光率可降至73%。因此，要经常擦洗薄膜表面，并尽量使用无滴膜。

二氧化碳(CO_2) 大气中的二氧化碳浓度一般为0.033%。当枣树旺盛生长时，设施内的CO_2浓度逐渐逐渐减少。特别是白天，往往低于外界大气中的CO_2浓度，使枣树的光合作用受阻，这时可以经过换气或使用CO_2气肥来提高CO_2浓度。由于设施形式是个密闭系统，在棚内进行CO_2施肥，可以促进光合作用。特别是在光照度好的情况下，CO_2浓度越高，光合作用越强。一般当CO_2浓度增至0.1%以上时，可以看到明显的增产效果。

特别提示

鲜枣设施栽培条件下种植，温度、湿度、光照和二氧化碳(CO_2)气体条件与露地栽培差异较大，利用其适宜的小气候条件，避免其不利因素影响，可以提早和延长鲜枣供应期，满足消费者的需要。

113 鲜枣设施栽培需要掌握哪些关键技术？

地点选择 鲜枣设施栽培应选背风、向阳、灌水排水方便、离电源较近、交通方便的地方。加温温室和日光温室坐北朝南、东西向延长；塑料大棚南北方向延长，这样便于采光和增温保温。鲜枣设施栽培可以先定植后建棚，也可以建棚后再定植。前者一次投资较小，分次投资；后者一次性投资较大。

品种选择 选择鲜枣设施栽培品种的标准是早熟或晚熟、不耐贮藏的优质、季节差价大的品种，通过设施栽培可以提高品质或增加产量。例如：梨枣、大城苹果枣、蜂蜜罐、尜尜枣、马牙枣、冬枣等。

覆膜时间 露地栽培因枣树植株通过了自然休眠，当外界气温适合时，便会正常萌芽、开花、结果。但在设施栽培时，何时结束休眠就成了主要问题。了解不同鲜枣品种休眠时间，从而确定覆膜和加温的最适时期。如果枣树在自然休眠尚未结束时覆膜，会出现发芽率低，树势衰弱，开花不集中，生长出现异常等不良反应。枣树落叶的时间越早，解除休眠的时间也越早，可以覆膜加温的时间也越早。在我国华北地区，温室栽培一般在1月中旬左右覆膜。低温是打破休眠的重要因素，但不是唯一因素，随着科学技术的发展，通过高温处理、化学药剂处理、摘叶等措施可以抑制和打破休眠，所以未来鲜枣的保护地栽培，完全有可能实现根据预定的目标进行成熟期调节。

当露地白天气温超过30℃时即可拆除薄膜，也可根据当地实际情况，利用薄膜避雨，待枣果成熟采收后拆除。

温度调控 覆盖的初期，是增温催芽阶段，不加温，使树体缓慢升温，对环境条件逐渐适应。日平均气温保持在17～18℃以上，白天气温可适当高些，但最高气温不得超过30℃。10天以后，加温温室可加温，白天保持20～25℃，夜间5～17℃左右，若温度低则会降低发芽率。超过30℃时放风降温。

萌芽后，进人控温促长时期，这个阶段白天温度维持20～25℃，夜间温度维持5～17℃，日平均温度保持18～19℃以上。注意白天最高气温最多不超过30℃，高温可灼伤枝叶，引起徒长，并影响枣树正常生长。

开花坐果期对温度最为敏感。开花初期日平均气温应该上升到20～22℃，盛花期日平均温度应维持在23～25℃，这样有利于坐果。具体操作，白天将温度维持在25～30℃，夜间将温度维持在17～20℃。注意白天温度不要超过30℃。

果实生长期要求较高的温度，平均温度应控制在24～25℃以上。白天温度可适当高些，一般维持在26～30℃即可，夜间温度保持18℃左右。果实膨大前期比膨大后期温度可适当低。

当外界气温达到了果实生长的要求时，可以揭去塑料薄膜，使果实自然着色成熟。

塑料大棚的温度调节主要是通过放风来实现的。一般在上午9：00～10：00时开始放风，下午16：00～18：00时将风口关闭。

湿度管理 鲜枣设施栽培的湿度管理很重要，棚内湿度过大时易发生各种病害，控制不好对枣树的开花结果会造成不良影响。在设施扣膜前要灌足水，以保证枣树生长前期有足够的土壤温度和湿度，灌水后地面全部覆膜，以提高地温和减少水分蒸发。一般这段时间温室内空气相对湿度保持在7 0%～80%。接近开花期时，土壤水分往往不足，空气相对湿度往往低于40%～60%，此时应补足水分保证花期有较高的空气相对湿度，防止焦花和坐果不良。此次灌水量要小。

改善光照 枣树对光照要求十分严格，光照不足，枣股抽生枣吊，花量少，且花芽发育质量差，坐果率低。因此，在设施栽培的覆盖材料上要选用透光性好、保温能力强的材料，如使用无滴膜，无滴膜内壁不凝结水珠，对阳光的反射作用小，光能浪费少，棚内的光照好。在使用过程中，由于灰尘覆盖或雨滴、雾滴附着等原因，膜的透光率会下降，要及清除，以保持薄膜的高透光性。为提高光能利用率，可在温室后墙悬挂反光幕，或在地面上铺设反光膜，增加散射光。为了加强光合作用，还可根据需要，利用水银荧光灯、荧光灯、钨丝灯等进行人工补光和延长光照时间。

肥水管理 设施内的肥料管理和露地相似。但由于设施栽培延长了生长期，加之棚内温度高，有机质分解快，所以，对肥料的需求量较露地要多，基肥最好用腐熟的鸡粪、猪粪、牛马粪等。棚内由于光照条件差，易出现旺长现象，所以，应减少速效性氮肥的用量，加强平衡施肥。同时在生长季，可多次进行叶面喷肥。

设施是个密闭系统，虽然覆盖物挡住了自然降雨，但浇水后棚内的水分散失较少。为了减少土壤灌水的次数，避免棚室内湿度过大，可以采用地面全覆盖地膜的方法，根据枣树的需水特点进行暗浇。枣树在前期对水分的反应最敏感，生长前期缺水，会造生长量小、坐果率低等不良反应。

棚室内经常出现二氧化碳（CO_2）亏缺，施用 CO_2 气体肥料干冰、高浓度的 CO_2 气体，或利用 CO_2 发生装置产生 CO_2 等，在关键时期使用，可显著提高枣树光合效能。光照充足时使用 CO_2 气肥的效果显著，低温寡照天气，光合效率低，使用 CO_2 气肥的效果不明显。

整形修剪 鲜枣设施栽培投入大，宜采矮化密植，争取早期产量。在设施内为了充分利用空间和光照，便于管理，减少郁蔽，树形宜小，层次分明，内外光照条件好。可采用自由纺锤形或小冠疏层形整形，修剪以生长季修剪为主，枣头长度不宜过长，树体营养枝的数量也不能过多，树高一般控制在 2.2～2.5 米左右，在单斜面温室内，整形时要灵活掌握树体的高度，温室南部的树体应比北部的矮，这样更利于增加群体的光照。主要是对枣头进行摘心，抹除背上枝，剪除过密植。冬剪主要是对发育枝进行短截，剪掉细弱、重叠枝，对枣头进行回缩、更新，以保证树体紧凑矮化。树高与棚膜保持 0.5 米以上的距离。

花果管理 花期室内湿度低时，也要喷水提高坐果；喷激素和微量元素，盛花初期喷布赤霉素 10～20 毫克/千克、花期喷硼酸钠(硼砂)300 毫克/千克；花期棚内放蜂，温室放养 1～2 箱蜂，使蜜蜂传粉；进行人工辅助授粉，在开花后每日上午 8～11 时，用毛笔逐花点授；适时开甲，枣树盛花初期，于主干距地面 20 厘米处进行环状剥皮，宽度在 0.2～0.5 厘米；严格疏果，一般强壮树 1 枣吊留 2 个幼果，弱树留 1 个幼果，其余果全部疏除，木质化枣吊留果量相应增加，以提高产量。

病虫害防治 在鲜枣设施栽培中因空气湿度相对较高，所以应加强对病害的防治。萌芽前喷 5 度石硫合剂，花后幼果期要喷 1 次 0.3 度的石硫合剂，采收前 1 个月喷 1 次 1000 倍的多菌灵可湿性粉剂或 500～700 倍的百菌清可湿性粉剂药液。保温棚内密闭，又没有雨水冲涮，所以，防治病虫害时除进行喷雾外，还可以使用烟雾剂和粉尘剂进行防治。既能有效地防除病虫，又不增加空气湿度，对枣树的生长极为有利。生产中常用的杀菌烟剂有：百菌清烟雾剂、多菌灵烟雾剂等。棚室内栽培的虫害发生较轻，一般不做重点防治，以减轻污染。

特别提示

鲜枣设施栽培，环境条件的变化，要求运用全新综合管理技术。设施栽培在品种选择、土肥水管理、整形修剪、病虫害防治等方面的技术生产上刚刚初试，实用适用的技术还有待进一步的研究。

8

鲜枣的采收与贮藏

鲜枣果实皮薄、肉酥脆，采收时不能用木杆打枣法，应用人工采摘。采摘时注意轻拿轻放，防止出现机械伤。采收时要通过合理掌握用力大小和方位等技巧使枣果带完整的果柄，不带果柄的冬枣失水萎蔫快，梗洼处易霉烂，耐贮性大为降低，采摘时带果柄是延长鲜枣保鲜期的一项重要措施。还要可根据鲜枣的不同用途合理掌握采收期，贮藏及长途运输一般在微红及半红期采收为宜，近地销售应在全红脆熟期采收为佳。鲜枣的保鲜期长短是制约鲜枣发展的重要因素，通过鲜枣贮藏运输、销售过程中的保鲜技术的应用，并有效地延长鲜枣货架寿命，会极大地促进鲜枣生产发展。目前鲜枣的最佳采收期、采收技术、保鲜贮藏运输技术均需进一步深入研究，以使鲜枣保鲜有大的突破。

114 鲜枣采收前枣园应该如何管理？

鲜枣贮藏保鲜效果除了与贮藏环境条件有关外，同时与枣果的内在质量有很大关系。采前干旱失水或遇雨淹水，以及高温、外伤、病虫害等都不利于鲜枣贮藏。提高鲜枣贮藏品质，采收前应注意以下栽培管理措施的实施：

加强病虫害防治 严格进行病虫害防治，保证果实完好。枣果带菌或有病虫害，贮藏中极易软化和霉烂。

做好灌水和排水 枣树干旱会造成枣果蔫软，降低贮藏中的完好脆果率。因此，采收前干旱时要进行适当的灌水，防治鲜枣蔫软。采收时降雨或枣园积水会增加裂果和贮藏过程的过湿伤害。所以，采收前雨水过多时要注意及时排水。采摘枣果要待枣果干燥后再采，并去掉裂果后入库贮藏。

采前喷钙处理 钙质可与枣果体细胞中胶层的果胶酸形成果胶酸钙，对维持果实硬度、调节组织呼吸及推迟衰老有着重要作用。因此采前30天和15天分两次，喷施氯化钙（$CaCl_2$）浓度为0.2%～0.5%的溶液，可增强枣果的钙素含量，有效抑制其成熟衰老过程，降低呼吸速率，减轻采前和采后的多种果实生理病害等，是提高鲜枣贮藏保鲜效果的一项良好辅助措施。

禁用生长调节剂 对枣果催熟、增产、增色、增甜，在枣果生长期间使用生长调节剂，一般会使枣果组织幼嫩，含水量增大，干物质含量相对减少，从而使枣果的抗病性及耐藏性降低，不利于贮藏。

特别提示

鲜枣采前喷钙，是提高鲜枣贮藏保鲜效果的一项良好辅助措施。

115 怎样确定鲜枣的采收期？（视频16）

鲜枣采收期的确定应符合鲜食、运输和贮藏的需要，依据保证质量，减少损失的原则，多方面判定确定。

果皮的色泽 枣果成熟过程中，在果皮色泽上有明显的变化，生产上大多是根据果色的变化来判断成熟度。色泽指标对不同品种而言差异较大，但一般皮色是由深变浅，由绿转白，由白转红，一般市场销售着色应在50%以上。

果肉硬度 枣果在成熟过程中，硬度减低。可以根据果肉硬度确定采收期。

含糖量 根据枣果甜度、适口性来确定采收期。

果实脱落的难易程度 枣果成熟时，果柄和果枝间形成了离层，稍加触动，即可脱落，可凭此确定枣果采收期。

果实的生长日数 在同一环境条件下，各品种从盛花期到果实成熟，大致各有一定的日数。可作采收参考。

鲜枣一般在脆熟期采收，此期果实肉脆味甜，鲜食适口性最佳。生产上鲜枣的采收期不能单纯根据成熟度来确定，还要从调节市场供应、运输、贮藏的需要、劳动力的安排、栽培管理水平、品种特性以及气侯条件等来确定适宜的采收期。枣树品种在同一树上果实的成熟期很不一致，应分期采收，分期采收也有利于恢复树势。对树体衰弱，粗放管理和病虫为害而早期落叶的必须提早采收，以免影响枝芽充实而减弱越冬能力。

特别提示

鲜枣一般在脆熟期采收，此期果实肉脆味甜，适口性最佳。生产上还要根据鲜枣的不同用途合理掌握采收期，贮藏及长途运输一般在微红及半红期采收为宜，近地销售应半红至全红脆熟期采收为佳。

116 怎样采收鲜枣？（视频17）

采收是枣果田间管理的最后一个环节，如果采收不当，不仅影响果实的耐藏性和产品质量，甚至影响来年的产量。因此，必须对采收工作给予足够的重视。

制定采收计划 一般在采前先做好估产工作，然后根据产量多少和采收任务的大小，拟订采收工作计划，合理组织劳动力，准备必要的采收用具和材料。并搭设适当面积的采收棚，以便临时存放果实和分级、包装。

人员培训 参加采收工作的人员应首先进行体检，患有传染病的人，不能参加采收工作。采收过程中应防止一切机械伤害，如指甲伤、碰伤、擦伤、压伤等；防止折断果枝，以免影响次年产量。鲜枣采收主要采用手摘法。采摘时注意轻拿轻放，防止出现机械伤，先摘外围果，后摘冠内果，先摘下层果再摘上层果。

分批采收 另外可根据鲜枣的销售方式合理安排采收期。如贮藏及长途运输应略早采收为宜，如近地销售应在脆熟期采收为佳。为了取得更好的效益，可采用分次分批采收。鲜枣的成熟度可分为白熟、微红、少半红、半红、大半红、全红 6 个成熟度等级。同一品种的枣果(或同一棵树的枣果)成熟期不一致，枣果采收通常要分期采收，一般采收期分为前期、中期和后期 3 个时期。同一品种，前期采收的果不如后期采收的果耐藏。一般长期贮藏，要选择白熟期、微红、少半红和半红果入贮。先采较红较大者，这样既可克服枣果成熟不太一致的缺陷，也可集中营养供应余下的枣果快速生长发育。

特别提示

采收鲜枣要坚持手工采摘，分期采收。

117 哪些因素影响鲜枣的贮藏性状？

鲜枣甜酸鲜脆、清香可口、营养丰富，深受消费者的欢迎，也为广大果农带来了商机。鲜枣果皮较薄，果肉脆嫩，含水量较高，采收后在常温下早熟品种 1～2 天、晚熟品种 6～7 天，就会失水、萎蔫、变软、酒化和腐烂，失去商品价值，造成严重的损失。鲜枣实际是最不耐贮藏保鲜果品之一，随着鲜枣生产的迅猛发展，必须强调要做好鲜枣的贮藏保鲜工作。如何做好鲜枣的贮藏与保鲜，延长货架期，是枣树种植获得较高经济效益的关键。影响鲜枣贮藏性状的因素主要有品种、采收成熟度、贮藏环境和物理化学处理等。

品种 鲜枣品种多，各品种间耐藏性差异大，一般晚熟品种较早熟品种耐贮，小果型品种较大果型品种耐贮。对于耐贮性差的品种，不适宜进行长期贮存，宜随采随销。耐贮性好的品种，可以通过贮存，延长市场销售时间，提高售价，增加收入。

采收成熟度 采收成熟度对鲜枣的贮藏性状有明显影响。鲜枣采摘后用于贮藏，一般应在枣果初红至半红时采摘。

化学处理 采前喷钙有效抑制其成熟衰老过程，提高鲜枣贮藏保鲜效果；使用生长调节剂，一般会使枣果组织幼嫩，降低鲜枣贮藏寿命。

贮藏环境 温度、湿度、气体成分是影响鲜枣贮藏性状的主要环境因素。一般温度为0～1℃，相对湿度为90%～95%，贮后果实的硬度及脱氧合酶活性变化平稳，口感良好，其风味得到保持。适宜的气体指标应为二氧化碳2%～4%，氧气3%～6%。

特别提示

影响鲜枣贮藏性状的因素主要有品种、采收成熟度、贮藏环境和物理化学处理等。

118 鲜枣采收后为什么要进行分级？

鲜枣采收后分级的主要目的，是通过分级，使之达到某一等级所要求的标准，从而使枣果这一商品也实现标准化。鲜枣分级的意义在于：

实现优质优价 通过果品分级才能按级定价，并便于贮藏、销售和包装。这不仅可以贯彻优质优价的价格政策，更能推动鲜枣栽培管理技术的发展和鲜枣质量提高。

剔除病虫果 通过挑选分级，剔除病虫果和机械伤果，从而减少在贮运期中的损失，减轻一些危险病虫害的传播，并将这些残次果实及时销售或加工成产品，以降低成本和减少浪费。

达到标准化销售 果品的标准化销售，是生产、贸易和消费三者之间互相促进、互相监督的纽带。

特别提示

鲜枣采收后根据某一等级所要求的标准进行分级，分级的意义在于根据鲜枣的质量和用途需要，通过分级达标准化生产，按级定价，优质优价。

119 鲜枣采收后怎样进行分级?

鲜枣采后分级，目前依据的鲜枣等级质量标准有黄骅冬枣标准(GB18740－2002)和沾化冬枣标准(GB18846－2002)两个国家标准。北京市2005年发布了枣无公害生产综合技术地方标准(DB11/T 330－2005)、河北省2002年颁布了的枣果实质量地方标准(DB13/T480－2002)等地方标准，对鲜枣等级质量都作了具体规定。河北省鲜枣等级质量标准见表8-1。

鲜枣分级标准的制订是同时考虑生产者和消费者的实际要求，并以现有的生产技术水平为基础，使分级标准在经济和技术上发挥积极的作用。鲜枣的分级标准也不是一成不变的，随着生产技术和各种设备的不断改进，国内外市场对果品质量要求的不断提高，鲜枣分级标准也会不断完善。

表 8-1 鲜枣等级质量标准

项目			特等	一等	二等
基本要求			果实在脆熟期采摘，精细采摘。果实完整良好，新鲜洁净，无异味及不正常外来水分。着色面积应达到整个枣果的70%以上，无浆果及刺伤。果实内在品质达到本品种固有的特征特性		
色泽			具有本品种成熟时的色泽		
果形			端正	端正	比较端正
病虫果率			≤1%	≤3%	≤5%
单果重（克）	大枣类	大型果	≥25	≥20，<25	≥15，<20
		小型果	≥15	≥12，<15	≥8，<12
	小枣类	大型果	≥10	≥8，<10	≥6，<8
		小型果	≥6	≥4.5，<6	≥3.5，<4.5
果面	碰压伤		无	允许轻微碰压伤不超过0.1平方厘米1处	允许轻微碰压伤不超过0.1平方厘米2处
	日灼		无	允许轻微日灼，总面积不超过0.2平方厘米	允许轻微日灼，总面积不超过0.5平方厘米
	裂果		无	无	裂果总长度不超过1平方厘米
	损伤果		0	≤5%	≤10%

特别提示

鲜枣采后分级必须依据已颁布的国家标准和地方标准进行。

120 怎样用简易贮藏法贮藏鲜枣？（视频18）

鲜枣简易贮藏法适于鲜枣成熟季节气温较低的北方地区采用。贮藏时，应选择耐贮藏的晚熟品种。果皮呈半红的脆熟期的果实贮藏为最佳。成熟度不足，易失水失重；完全成熟，果实生活力低，不耐贮藏。为减少水分蒸发，要选用0.04～0.07毫米厚的聚乙烯薄膜，制成不同规格的保鲜袋，打孔后装入精选鲜枣3～10千克，封扎袋口，放在阴冷棚或窑洞中分层贮藏架上。

特别提示

鲜枣简易贮藏应在果皮不足半红的脆熟期采收，放入保鲜袋，在阴冷棚或窑洞中短期贮藏。

121 鲜枣贮藏库怎样灭菌消毒？

贮藏病害的主要初侵染源之一就是枣果贮藏库，每次存放枣果前，必须对贮藏场所进行彻底地清扫，对地面、货架、果箱等应进行消毒杀菌处理。以消灭和降低病原菌的基数。鲜枣贮藏库常用的消毒剂及其使用方法如下：

CT高效库房消毒剂 此消毒剂为粉末状，具有杀菌谱广，杀菌力强，对金属器械腐蚀性小等特点。使用时将袋内2小袋粉剂混合均匀，按每立方米5克的使用量点燃，密闭熏蒸4小时以上。

高锰酸钾和甲醛的混合液 按1∶1的重量比将高锰酸钾加入甲醛液体中，使用量为每百平方米1千克，将药液放入容器中，使其自然挥发。操作时要注意安全，撤离要迅速，密闭库房在48小时以上。此方法适用于污染较重的库房。

漂白粉溶液 贮库消毒常用4%的漂白粉溶液喷洒，在枣果贮藏期间结合加湿，也可喷洒漂白粉溶液。

特别提示

鲜枣贮藏库消毒杀菌，可以有效消灭和降低病原菌的基数，减少贮藏病害的发生。

122 鲜枣贮藏保鲜时怎样进行预冷处理?

预冷是指利用一定的设备和技术将鲜枣的田间热迅速除去，并冷却到适宜运输或贮藏的温度，从而最大限度地保持枣果硬度和鲜度等品质指标，延长其贮藏期，同时减少入贮后制冷机械的能耗。对采用塑料薄膜袋进行简易气调贮藏的枣果，还可防止袋内结露，提高贮藏效果。鲜枣采收后如不经过预冷就装入塑料袋内，会使塑料袋内与冷库之间产生较大的温差，使塑料袋内表面出现大量结露并使结的露水滴到枣果上，加速枣果的腐烂。一般预冷的方法主要有冷风预冷和冰水预冷结合保鲜剂处理。

冷风预冷是枣果在入库前2天，使库温降到 -2℃ ±0.5℃，将枣果快速放入冷库，待枣果温度与冷库温度一致时，即可装入保鲜袋或减压容器，预冷时间不要过长，以免造成枣果失水。

冰水预冷结合保鲜剂处理是建一长2米、宽0.5米、高0.8米的水池，在该水池内按水和冰1：0.3的比例。此时水温大约在2～5℃，加入鲜枣专用保鲜剂配成50倍的冰水溶液，浸泡枣果0.5～1分钟，取出枣果沥水晾干，放入冷库，待枣果温度与冷库温度一致时，装入保鲜袋或减压容器。

低温对病菌的繁殖、生长和致病力有明显的抑制作用，但并不能完全杀死病菌，而且许多采后病原菌对低温的忍耐性较强，能在低于0℃下生长和繁殖，并引起贮藏产品的病害，所以贮藏期间还必须合理使用保鲜剂。

在贮藏冬枣时，可应用国家保鲜工程技术研究中心的CT系列或CT2号片剂保鲜剂，防腐保鲜效果较好。CT2号保鲜剂的使用方法是当枣果预冷达到要求的品温时，把枣果和保鲜剂放入保鲜袋中，用量为每1千克枣放入1包CT2号保鲜剂(药包需用大头针扎1个透眼)和1包红药(生理调节剂)，然后把保鲜袋扎好。

特别提示

预冷处理就是将鲜枣的田间热迅速除去，从而最大限度地保持枣果硬度和鲜度等品质指标，预冷方法主要有冷风预冷和冰水预冷结合保鲜剂处理。

123 鲜枣贮藏对库内环境因子有何要求?

温度 鲜枣贮藏库的温度应控制在－2℃±0.5℃。要尽量减少贮藏库的温度波动，以减少贮藏果品的表面或其包装物内的结露，避免附着在果品表面的微生物孢子的萌发和侵入。适宜的低温能明显地降低枣果的呼吸强度，减少营养物质的消耗，提高枣果对病菌侵染的抵抗能力。

湿度 一般鲜枣的含水量为70%左右，通常水分散失量大于5%时，就会表现出明显的萎蔫皱缩。鲜枣贮藏相对湿度应保持在95%以上。可通过保鲜袋包装和地面洒水等方法提高库内相对湿度。

气体 适宜鲜枣贮藏的气体环境是氧气占4%～6%，并不含二氧化碳。如二氧化碳过高，会使果肉褐变，果皮产生局部下陷和褐色斑点，直至腐烂。为防止枣果在贮藏中受二氧化碳伤害，可使用塑料袋包装，而且必须在塑料袋上打孔。

特别提示

鲜枣贮藏温度应控制在－2℃±0.5℃，相对湿度在95%以上，气体环境是氧气占4%～6%，并不含二氧化碳。

124 无公害枣果质量安全要求有哪些规定?

根据GB18406.2－2001，无公害枣果的产品质量要求包括“重金属及其他有害物质限量”和“农药最大残留限量”，见表8-2。

表8-2 无公害枣果安全要求国家标准

项 目	指标（毫克/千克）	项 目	指标（毫克/千克）
砷(以As计)	≤0.5	克百威	不得检出
汞(以Hg克计)	≤0.01	水胺硫磷	≤0.02
铅(以Pb计)	≤0.2	六六六	≤0.2
铬(以Cr计)	≤0.5	滴滴涕	≤0.1
镉(以Cd计)	≤0.03	敌敌畏	≤0.2
氟(以F计)	≤0.5	乐果	≤1.0
亚硝酸盐(以$NaNO_2$计)	≤4.0	杀螟硫磷	≤0.4
硝酸盐(以$NaNO_3$计)	≤400	倍硫磷	≤0.05
马拉硫磷	不得检出	辛硫磷	≤0.05
对硫磷	不得检出	百菌清	≤1.0
甲拌磷	不得检出	多菌灵	≤0.5
甲胺磷	不得检出	氯氰菊酯	≤2.0
久效磷	不得检出	溴氰菊酯	≤0.1
氧化乐果	不得检出	氰戊菊酯	≤0.2
甲基对硫磷	不得检出	三氟氯氰菊酯	≤0.2

注：未列项目的农药残留限量标准各地区根据本地实际情况按有关规定执行。

特别提示

我国已颁布一系列与鲜枣有关的“重金属及其他有害物质限量”和“农药最大残留限量”规定，在无公害鲜枣生产中要严格执行。

125 鲜枣包装的作用是什么？

鲜枣包装的目的在于保护枣果的商品价值。良好的包装，有助于枣果保鲜，减少腐烂，延长货架寿命，使枣果具有较大的吸引力和食用方便。良好的包装好处在于：

便于运输 标准化的包装可作为行之有效的装卸单位，便于采用新型的运输方式，减少装卸、运输费用。

便于贮藏 标准化的包装作为行之有效的仓库或家庭的贮藏单位，便于采用适当的贮藏保质措施，与适宜的贮藏手段相配合，能更好地发挥它的保护作用。

便于销售 标准化的包装可以有效地保护枣果品质，减少水分蒸发，防止或减少机械伤，保持产品清洁卫生，增进销售性能。其目的在于保护果品的商品价值。

特别提示

鲜枣包装有三大作用：有利于运输、有利于贮藏、有利于销售。

126 怎样设计鲜枣包装？

包装要精美 讲究质量、追求美观是现代人的共识，精美、新颖的包装能促进人们的消费欲望。鲜枣作为精品水果，只要包装精美完全可以占领国内精品市场，甚至走出国门冲击国外水果市场，包装首先必须做到精美。

包装要微型 枣果消费一般买新吃鲜、少量多次，因而鲜枣包装要微型，以1～5千克为宜。

包装要透明 绝大多数消费者购买水果时都要开箱察看，在包装时采用部分透明材料，既可增加美感提高购买者欲望，又增加可信度。

包装要多样 当前水果包装多采用纸箱，可尝试采用木箱、竹箱、塑料箱、金属箱。从形状也可做成圆形、扇形等。在制作工艺上可变机制包装物为手工艺品包装物。从用途上可分自用廉价型、馈赠祝福型、旅游方便型、产地纪念型等。总之，多样的包装一定会给人新鲜感，从而刺激消费，达到扩大销售的目的。

包装要规范 箱体大小规格尺寸按内外贸易习惯和要求采用，材料要坚实耐用。包装物上应标明品名、等级、净重、产地、包装日期、封装人员或代号与商标标志。

特别提示

鲜枣包装设计要做到：精美、实用、多样、规范。

127 鲜枣运输的含义是什么？

运输是连接生产与消费的桥梁，是流通过程中实现枣果物流的重要手段。我国疆域辽阔，由于气候和地理条件的原因，各地所产鲜枣品种品质都有很大的不同。如山西的运城地区所产的梨枣、山东沾化和河北黄骅所产冬枣、北京的尜尜枣等枣品种，都是人们喜爱的鲜枣。一些鲜枣品种的生产地域性很强，国内外消费者对各品种鲜枣都有需求，生产者也有扩大产品销路的愿望，供求双方的需求和愿望只有借助运输才能实现。就是枣果的就近销售，也离不开运输。已经生产出来的果实，若没有安全及时的运输，生产将无法进行下去。可见，运输是产、供、销的桥梁，是果品生产必不可少的环节。

特别提示

鲜枣运输是产、供、销的桥梁，是鲜枣产业发展的一个重要环节。

128 鲜枣运输有哪些要求?

提前预冷 鲜枣在运输前，预先必须进行降温处理，鲜枣含水量高，比热大，采摘后所含热量不易散去。若不进行预冷降温，在运输途中尽管是采用冷藏车、船，也不易将果温降到适宜的贮运温度，容易导致霉烂变质。预冷的方法主要有水冷、通风冷却、真空冷却和湿空气法等。

力求快捷 鲜枣采后的损耗大小，与其所处的环境条件、是否受机械伤及遭受微生物侵染与否有关。在运输过程中的震动、摩擦、通风换气不良等都会枣果品质下降，损耗增加。为减少损失，保持果实品质，运输应力求快捷，使之尽快到达目的地。因此，调运果品时，应周密考虑，尽量减少中转环节，以免延时花工，增加损耗。

轻装轻卸 鲜枣属鲜嫩易腐商品，碰撞、冲击、挤压、震动都会造成果实受伤，导致变质腐烂。因而装卸时，应特别注意做到轻装轻卸。

防热防冻 鲜枣有其适应的温度要求和受冻的临界线。温度过高，呼吸强度加大，促进果实衰老；温度过低，则枣果容易遭受冷伤和冻害。因此，运输途中，应加强管理，防热防冻。

特别提示

鲜枣运输要求清洁卫生、防热防冻、轻装轻卸、安全快捷。

129 鲜枣运输可以采取哪些方式？

公路运输 这是鲜枣运输的主要方式，一般以短途运输为主，具有灵活、迅速、成本低、易于组织等特点。使用的工具包括汽车、畜力车和人力车等。冷藏车是今后的发展方向。近年来，高速公路的发展和道路条件的改善，运输量不断增加。由于颠簸、震动，极易造成果实机械伤害，因此运输中必须注意装载时排列整齐，逐件紧扣，不留空隙，防止碰撞。

水路运输 这是指江河湖海以至沟渠上的运输，具有运费低廉、载货量大、运输平稳的特点，是江河两岸的重要运输方式，但由于运输速度慢，鲜枣的长途运输一般很少数使用。所用工具包括小艇、木船、机械帆船，以至远洋轮船。

铁路运输 这是国内长途运输的主要方式，具有装载量大，适于作远程运输，运输费用也较公路运输低等特点。其设施较好，震动小。铁路运输鲜枣可使用有控制温度设备的冰箱保温车和机械保温车。

空中运输 这是近几年发展最快的运输方式，利用飞机从空中航运，速度快，损失少，及时上市，但运费高。高档鲜枣品种和外销鲜枣适宜采用空中运输。

特别提示

鲜枣运输方式包括公路、水路、铁路和空中运输，当前以公路运输为主。

9

枣园草害与自然灾害防治

枣园草害、灾害性天气与动物危害，不但会造成枣树树体伤害和当年减产，而且对来年及以后生产也会造成巨大损失。因此，了解枣园草害、灾害性天气与动物危害的发生和发展规律，及时采取防御措施，对保证鲜枣丰产稳产和枣农增收意义重大。鲜枣生产中，生产者要充分利用有利的自然条件，预防和克服不利的条件。掌握枣园杂草种类及发生规律，就能采取有效的措施防控杂草危害。冰雹、干旱风，以及旱与涝等这些灾害性天气的发生和发展都很复杂，而且不同地区也有很大差异。因此，在考虑防御措施时，也必须因地因时制宜，从实际情况出发，实事求是地落实具体措施。近几年，枣园兔害在有些地区也日益猖獗，必须注意防治。

130 枣园草害的发生规律是什么?

枣园草害主要是指枣林草害和苗圃草害。枣林和圃地的生态条件相对稳定，有较大的空间适于杂草生长。杂草种类因枣园的立地条件，管理水平，气候因子的不同，其分布特点和发生类型也有较大的差异。

枣园主要杂草有马唐、狗尾草、虎尾草、马齿苋、莎草、灰绿藜、凹头苋、大画眉草、牛筋草等。苗圃主要杂草有虎尾草、马唐、狗尾草、莎草、马齿苋、野苋菜等。

枣园杂草的季节分布比较明显。夏秋两季高温高湿，喜热杂草较多，且生长快，危害大；冬春低温干旱，杂草少，危害小。

枣园杂草的发生还因枣园和圃地的管理水平、枣园类型以及立地条件的变化而不同。精耕细作的枣园、枣粮间作型枣园、圃地以一年生杂草为主；管理粗放枣园以多年生杂草为主；土壤肥力高，灌溉条件好的枣园和圃地，阔叶杂草占优势，反之，禾草占优势。

枣园杂草的发生与危害季节大致可分为3个类型：春季发生型，3～4月份萌发，以幼苗越冬的杂草为主，阔叶草早于禾草，4～5月份为发生高峰；夏季发生型，5～6月份(降雨后)开始萌发，以种子萌发的杂草为主，一般禾草早于阔叶草，7～8月为发生高峰；秋季发生型8～9月萌发生长，以阔叶草为主，9～10月达高峰。枣园和圃地的杂草多以春夏两种发生类型为主，管理粗放的枣园3种发生类型有时均可见到，枣园杂草主要是以夏季发生型为主要危害类型。

特别提示

枣园杂草种类因枣园的立地条件，管理水平，气候因子的不同，其分布特点和发生类型也有较大的差异。

131 枣园杂草对鲜枣无公害生产有哪些危害?

争夺养分 杂草与枣树或苗木争夺水分和养分导致土壤板结，肥力下降，影响枣树或苗木的正常生长发育，树势衰弱，幼树不能适龄结果或结果后早衰，严重的可直接导致新栽幼树或苗木枯死，一般杂草可造成果园减产10%～30%。

影响光照 在苗圃地或幼龄枣林，有些杂草植株高大，生长迅速，遮蔽阳光，如灰绿藜、凹头苋、黄蒿、白酒草、虎尾草等，严重影响苗木和幼树光合作用，抑制苗木和幼树生长发育，造成苗木规格低，出圃率低。

滋生病虫 枣园杂草是病菌、害虫的传播媒介或栖息场所。如灰绿藜是红蜘蛛的寄主，枣绮夜蛾多在下午集中栖息在树下杂草中，桃小食心虫多在杂草根际处结茧越冬，这些都给防治造成一定困难。带病菌枣叶或病果常藏于草丛中，不易清除。因此，杂草直接或间接起到传播病菌害虫的作用。

特别提示

杂草影响枣树或苗木的正常生长发育，一般杂草可造成果园减产10%～30%。杂草还直接或间接传播病菌和害虫。

132 怎样综合防治枣园杂草?

枣园杂草具多样性和复杂性的特点，是继病虫之后制约枣业发展的重要因素，由于不同种类的杂草生物学特性不同，发生消长规律也不同，单一的防治措施很难控制杂草的危害，建立一套杂草综合防治体系成为当前枣园管理急需解决的问题。

人工除草 加强枣园行间和圃地的管理，按照“除小除了”的原则，在杂草出苗的高峰期及时人工除草，防止杂草危害。

机械除草 人工使用锄头等工具除草，费时费工，尤其雨季杂草茂盛，除草耗费大量人力。购买肩背式割草机除草，一是重量轻，一人即可轻松操作，灵活轻便。二是工效高，一人一天可割草10余亩，工效提高10倍以上。

间作除草 枣园间作作物或牧草，是一种积极的土壤耕作灭草方式。枣园间作大豆或牧草，使杂草种子的萌发处于荫蔽状态，部分种子不萌芽，即使萌芽的种子幼苗也处于营养不良的状态，生长不好，从而减少杂草的生长量，可有效控制杂草发生，达到间作除草的目的。

覆盖除草 采用覆盖方法有免耕灭草作用，枣园覆盖后很少有杂草生长，一般不需中耕除草，可以节省除草劳力，降低生产成本。秸秆、绿肥、杂草等可作为覆盖物。在树盘、枣树行带株间空地或枣园全园覆盖地膜，也可实现除草目的。

化学除草 鲜枣无公害生产，可以选择使用除草剂，如草甘膦、克无踪、扑草净等，根据杂草种类、发生期、发生量、气候等，合理选用枣园无公害生产除草剂防除杂草，省工省时，节约资金。

特别提示

枣园杂草具多样性和复杂性的特点，建立一套杂草综合防治体系成为当前枣园管理急需解决的问题。

133 枣树冻害是怎样产生的？如何防治？

枣树不易受冻，但北方地区在引种某些品种，时有树干和根颈冻害发生，受冻后常表现发芽晚，生长弱，严重时造成死树。冻害发生程度与与品种、树龄、生长势及当年枝条的成熟与锻炼情况密切相关；与枣园的地理位置、土壤地势、栽培管理条件及当年的气象因素也有很大关系。除了枣树品种本身固有的抗寒力外，由于年周期生长动态和越冬前的抗寒锻炼及枝条成熟度的不同，枣树的抗寒力也会有一定的差异。正常停止生长自然落叶是落叶枣树通过锻炼进入休眠的一个标志。凡是秋季降温以前不能及时停止生长的植株，越冬后冻害就发生严重。春旱秋涝、氮肥过多或施用过晚、生长盛的幼树，冻害就易于发生，且严重。树势健壮的植株较生长衰弱或生长过旺的抗寒力强。幼龄树常较成龄树抗寒力弱。结果过多及衰老的植株抗寒力也较弱。

气象条件是造成冻害的直接因素，低温来临早，持续时间长，绝对低温低，温变大，干旱等都会加重冻害。冻害对枣树生长威胁很大，为使枣树冬季免受冻害，生产上可采取以下管理措施：

选择抗寒性的品种 不同品种耐寒能力不同，冻害多发生在晚秋或早春气候骤然变化时，选择生长发育期短，进入休眠期早的品种，及早通过耐寒锻炼，则树体本身的抗寒大大增强。用酸枣做砧木高接栽培一般不容易发生冻害。

早施基肥 为避免枣园冻害，要努力做到前促后控，保证树势生长稳健。基肥的施用时期宜早不宜迟，有利于树体贮藏营养积累，有利于枣树提早进入休眠，有利于枣树抵御冬季低温冻害。

树干涂白 在华北地区10月上旬即进行主干涂白，涂白剂的配制方法是生石灰10份、硫磺粉1份、食盐1份、植物油0.1份、清水20份，混均匀后涂刷主干和骨干枝分叉处。树干涂白可促进枣树进入休眠期，避免枣树根颈处受低温冻害。

树体包裹 入冬前，用稻草等包裹主干，可有效地防止寒流侵袭，来年春解草把时集中烧毁，既防冻又可消灭越冬的病虫。

冻前灌水 枣园冬灌，可增加土壤温度，又可保持土壤墒情，使土壤温度得以稳定，既又可做到冬水春用又达到了枣树防寒的目的。

营造防护林 利用防护林改善果园小气候，减弱风速，抑制干旱，减轻冻害，营造防护林采取乔灌结合，常绿树落叶搭配最为理想。

特别提示

枣树不易受冻，北方地区引种某些品种，时有树干和根颈冻害发生，是因为突然降温，枣树越冬前未经抗寒锻炼所致。凡是有利于枣树提早落叶休眠的措施均有利于防治冻害。

134 枣树风害有哪些威胁？如何防治？

微风和小风可增强枣树蒸腾作用，促进根系吸收，提高光合作用和蒸腾效率，但若风速过大(风速大于10米/秒)，则会对枣树造成危害。北方冬春季的大风常加剧水分的散失，造成枝条失水，严重时抽条死亡。春夏季的旱风，会吹焦新梢、嫩叶，吹干柱头，影响授粉受精，加重早期落果。并会吹断枝条，甚至将大枝劈裂。秋季大风引起采前落果严重，影响果品产量品质。沙滩地果园最易引起风害，一遇大风常飞沙走石，使树根外露或埋没树干，影响幼树成活和树体生长发育。花期风沙会使花朵内灌满沙子，影响受精坐果。防治风害，可采用以下措施：

避免风口建园 枣园选址时应避免选在山顶、风口和风道等易遭风害的地方。

营造防护林 防护林可有效预防和减轻风害，枣园建设时必须规划防护林，在风大的地区，主林带行数和密度要加多，林带网格要小。

加强枣树管理 采用低干矮冠整形；对结果量大的树要及时进行顶枝和吊枝，以防折枝。采前进行树下覆草或松土以减少落果的损伤。

加强风害后的管理 根据风害情况，积极保护处理，对倒树扶正，立柱支撑，对伤枝可及时锯除或绑缚吊起，加强肥水管理，促使恢复树势。

特别提示

枣树风害可造成枝条失水、影响授粉受精和引起采前落果。防治风害，一要避免风口建园，二要营造防护林，三要采用低干矮冠整形。

135 雨害和涝害对枣树有哪些威胁？如何防治？

我国各地均存在降水不匀的情况，以致雨季降临时，积水成灾、低洼地排水不良及长期阴雨连绵造成对枣树的不利影响。枣树遭受涝害后会出现落花、落果、裂果、早期落叶，根系缺氧死亡，树干皮层剥落，严重时整株死亡。

一般成年树较幼年树抗涝力强；黏质土壤、心土透水不良及栽植过深等涝害重；雨害除了发生水涝危害外，长期的阴雨天气还会引起光照不足，光合作用减弱，树体养分减少，影响枣树开花坐果、果实品质和产量；造成病害严重、防治困难。

防治雨害和涝害，可采用以下措施：

建好排水设施 为了防止枣树遭受雨害和涝害，建园时要选好园址，并做好水土保持和土壤改良工作。南方多雨，可采用梯田或深沟高畦栽墙枣树，以利排水。北方在低洼易积水的地区应修好排水设施。

及时排水 雨前疏通排水渠道；雨中及时排水，避免积水；雨后树盘或全园深翻，以利土壤水分散发，加强通气促进新根生长。

加强树体保护 加强枣树受雨后管理，追施有机肥料，恢复树势，积极防治病虫害，加重修剪量以保持地上与地下平衡，做好防寒工作以利越冬。

特别提示

雨季积水成灾，枣树会出现落花、落果、裂果、早期落叶，严重时整株死亡。枣树虽耐涝，但建园也必须同时建好排水设施。

136 枣树雹灾怎样防治?

我国各地枣区偶有冰雹发生，使枣树枝、叶、果遭受损伤，树势衰弱，产量和品质下降，给生产造成严重损失。

(1)消除雹灾的根本途径在于大面积绿化造林，改造气候。

(2)雹灾经常发生地区，可采取人工消雹工作，放火箭炮等化雹为雨，减轻危害。

(3)雹灾经常严重发生时，可以在枣园林地顶部及四周搭设防雹网。可有效预防冰雹危害，同时可以防止鸟害、防虫、防风，从而增强抵御自然灾害的能力。

(4)雹灾后应根据情况，采取积极措施，对严重受伤影响发育的果实及早摘除，应严格控制病虫害的发生，以免蔓延。对折断的枝条进行修剪，并加强肥水管理，及早恢复树势，为下一年增产打好基础。

特别提示

各枣区冰雹发生情况不同，在雹灾经常发生地区，可以在枣园林地顶部及四周搭设防雹网，可有效预防冰雹危害，同时可以防止鸟害、虫害、风害，增强抵御自然灾害的能力。

137 干旱对枣树有哪些不利影响?

影响生长 枣树耐旱性很强，但是过于干旱，会限制种子萌发和幼苗生长，导致苗圃苗木稀疏，建园难以成活；叶片生长缓慢，甚至停止生长，叶片小，光合效能低；枝条的生长减弱，不充实，枣头生长弱，光和面积减少；根系生长期缩短；影响叶芽和花芽的分化。

影响结果 对枣树来说，花期干旱往往造成落花落果严重，坐果率大大降低，果实小、萎蔫、早落。影响果实生长的最重要的因子是水分，干旱的果实内皮层细胞纵横径和细胞体积变小，果皮的细胞膜、角质层均厚，导致品质降低，产量下降。

发生生理病害 由于土壤干旱，树体内水分缺乏，叶片蒸腾作用不能正常进行，稍经太阳照射，树温急剧上升，从而引发枝干、果实日烧。水分亏缺还造成枣树的其它生理病害。

特别提示

枣树耐旱性很强，但是过于干旱，会造成落花落果，严重减产。

138 旱地节水栽培对枣树有哪些好处?

抑制枣树营养生长 枣树的新梢生长量、叶片数量、总叶面积、单果重、总产量、干周等，与水分供应量高度相关。若春季和初夏适度干旱，则春梢生长缓慢，停长早，总生长量小；土壤干旱，无秋梢或秋梢甚短。这些现象只要适度，恰恰是果树生产者所希望的，在干旱条件下，抑制枣树营养生长，可达到矮密栽培的效果，有利于生殖生长。

有利于生殖生长 适当干旱是大多数果树花芽分化的必需条件。果树重修剪、高氮肥与土壤供水充足，会使果树旺长，晚成花、晚结果。旱作枣树勿需复杂的整形修剪，就可实现早结果。

枣果品质良好 干旱地区，日照充足，昼夜温差大，果实着色浓重艳丽，含糖量高，果实硬度大而耐贮藏。旱作枣园的果实成熟早，也能给枣园带来较好的经济效益。

特别提示

枣树旱地节水栽培，可实现树体矮化、早结果、品质优的目标。旱作枣园枣果成熟早，还能取得较好的经济效益。

139 旱地枣树生产可采用哪些节水措施？

旱地枣树生产的根本出路是开发水源，及时满足枣树对水分的要求。灌水条件不足或根本没有灌溉条件时，种植枣树的可以采用以下几种措施：

土壤改良 提高土壤有机质含量，提高土壤吸水保水能力。

松土保墒 雨后或灌水后及时中耕，切断土壤毛细管，减少水分蒸发。

整修树盘 在山区，要整修树盘，使树盘里低外高，以便拦截雨水。建拦水坝可在降雨时贮存雨水，以便在干旱时使用。

地面覆盖 用作物秸秆、木屑、杂草等覆盖果园地面，可防止土壤水分蒸发，保持土壤温度稳定，增加土壤有机质含量，有利于土壤微生物活动繁衍和改良土壤结构。覆盖厚度以10～20厘米为宜。

枣园地面覆膜，节水保水，增加地温，防治病虫害。黑色地膜可防草害，反光膜能提高树体光合作用和使枣果着色良好。

采用喷灌或滴灌 这两种方法尤其适于山地丘陵区枣园，具有节水、保土保肥、节省土地和劳力、适用范围广等优点，在经济条件具备的地区，应积极推广。

穴贮肥水 即在树冠下挖3～5个直径20～30厘米、深40～50厘米左右的圆筒状坑，坑内放入玉米秸、杂草等物，将追肥施入，然后覆土，将水灌入坑中，坑上覆地膜或覆草，以增强蓄水保肥效果。

土施保水剂 保水剂的特性是无味、无毒、无害、无刺激性，具有吸水速度快、吸水量大和保水性强等显著特征。外观为白色或微黄色粉末或颗粒，粒度也可按需要生产。用于枣树生产土壤保水效果极好，

抑蒸蒸腾 喷抑蒸剂，在枝叶表面形成一层分子膜，从而有效地减弱叶片蒸腾作用，防止水分散失。

注重根外追肥 干旱地区土壤追肥比较困难，应增加叶面喷肥次数。

特别提示

旱地枣树生产的根本出路是开发水源，在不具备灌溉条件时，要采用各种措施，及时满足枣树对水分的要求。

140 如何防治野兔对枣树的危害？

野兔的食性很杂，随季节的变化，冬季枣树枝干也是其爱好的食物。生长季时，田间各种杂草、菜类、作物等食物丰富，野兔一般不危害枣树，冬季由于食物短缺，尤其在降雪后，常啃食枣树枝干，造成严重危害。野兔危害的防治方法如下：

捕捉野兔 野兔有许多种类，有些可以涉猎捕、捉捕。可在野兔经常出没的地方设置各种套阱捕捉；也可于秋、冬季，先在枣园地边架设一种类似粘鸟网、但网目稍大的尼龙丝网粘捕。

保护树体 在野兔危害严重地区，枣园周围可用竹竿、秸秆、金属网、尼龙网等，以一定面积围住枣园，阻止野兔入内。还可选择树干涂化学驱避剂的方式保护树体。选择化学驱避剂要求对树体无毒，而且能够维持一个休眠季的效果。目前能够供选的化

学驱避剂有沥青乳剂，沥青乳剂加入2倍的水，用油漆刷涂刷主干大枝，冬季几乎没有野兔危害。

有些野兔品种，属保护性动物，不准许捕杀。例如塔里木兔，生活在新疆塔里木盆地，以灌木的树皮和细枝为食，近年对枣树多有严重危害。但是，塔里木兔是国家二级保护动物，只能进行树体保护。

特别提示

野兔危害的防治方法一是捕捉，二是保护树体阻止野兔危害。有些野兔品种，例如新疆塔里木兔是国家二级保护动物，不准许捕杀，只能进行树体保护。

10

枣树病虫害防治

病虫害防治是枣树生产中的一个重要环节。以往的化学防治以其速效性和高效性在防治病虫害方面曾发挥了重要作用。但长期过量地使用农药，也产生了很多负面效应，如环境污染、天敌被杀伤、同时使害虫产生了抗性。用药量成倍增加，但杀伤力却大大下降，从而导致更大剂量的用药，导致害虫的再猖獗，造成恶性循环。随着人民生活水平的提高，人们对枣果质量有了更高的要求，推广枣无公害生产技术，已成为保证果品质量、有益人民身体健康的大事。因此枣无公害生产病虫害防治的基本原则应以农业防治和物理防治为基础，生物防治为核心，按照病虫害的发生规律和经济阈值，科学使用化学防治技术，有效控制病虫危害。

141 枣树的病虫害主要种类及危害是什么？

枣树的病虫害种类很多，其病害主要有枣疯病、枣锈病、枣炭疽病、枣缩果病等；枣树害虫有桃小食心虫、枣尺蠖、枣黄刺蛾、枣粘虫、枣瘿蚊、枣叶壁虱、枣粉蚧等等。病虫害对枣树危害很严重，如不及时防治则对枣园产量造成大量的减产；如枣疯病的发生足以可以造成枣园毁灭性危害；枣尺蠖的严重危害不仅当年没有收成，第 2 年的产量也会受到影响；桃小食心虫严重时，虫果率高达 90% 以上，果实不能食用，收入寥寥无几。因此要掌握病虫害的发生发展规律，及时加强防治工作。

142 枣疯病症状及其发病规律是什么？（视频 19）

枣疯病又名丛枝病，是枣树的一种毁灭性病害。主要表现为丛枝、黄化、花叶根畸形和花的不正常萌发。花梗明显伸长，萼片和花瓣变为小叶，小枝叶丛生，冬后不落；病枝丛生、纤细、节间缩短叶小而黄萎，严重时焦黄以至脱落。病枝上果实着色，组织松散萎缩变小，果面凹凸不平，呈花脸状。枣树发病后通常由一个或几个枝首先发病进而扩展到全树。外围枝和当年生根蘖等营养生长旺盛部位病症明显。幼树从感病到死亡约 1 ~3 年，大树需 4 ~6 年。树势强健及选择抗病品种对抗病有利。枣疯病的传播方式主要借助于嫁接、修剪、扦插和断根等传播。病原侵入地上部位后首运输到根部经过增殖后沿韧皮部运输到生长点部位即而发病。

143 如何控制枣疯病？

根据枣疯病发生及侵染特点，应采取以下几项综合措施进行防治。①及时清除病树病枝病蘖，消灭病源，防止蔓延。②挖出病树时应将大根刨净，以免再生病蘖。重病区应严格挖净病树，即能控制病害发生。③一树即使出现一枝病枝，也应刨全树。不要只去病枝不刨树。只去疯枝不去病树，常造成扩散病源的恶果。④健株育苗。挖取根蘖苗应严格选择，避免从病株上取根蘖苗。嫁接时采用无病的砧木和接穗。⑤选育和采用抗病品种。⑥防治传病昆虫，减少传病媒介。在 5 月上旬枣树发芽展叶期，中国拟菱纹叶蝉等传病害虫第一代成虫进入羽化盛期，要进行防治。不仅要在枣园普遍防治，而且在枣园附近的其他果园和林地也要进行防治。

144 如何防治枣锈病？（视频 20）

枣粉锈病是枣树的主要病害，发生在长江流域及华北高温多雨地区。枣锈病是枣树的重要叶片病害，有时也侵害果实。叶片发病初期，在叶背散生淡绿色小点，后渐变成淡灰褐色，最后病斑变黄褐色，产生突起的夏孢子堆。病斑表皮破裂时，散出黄粉状的夏孢子。危害严重时，8～9 月份全树落叶，树势衰弱，严重降低枣果的产量和品质。枣锈病菌主要以夏孢子在病落叶中越冬，成为第二年的初侵染源。枣锈病的发生蔓延与当年气候条件直接相关，如果当年雨水多，湿度大，连阴天则发病早而重，反之发病晚而轻，郁闭的枣园比通风透光良好的枣园发病重。

防治方法：①加强栽培管理。枣园不宜密植，应合理修剪使通风透光；雨季及时排水，防止园内过于潮湿，以增强树势。②清除初侵染源。枣树越冬休眠期间，晚秋和冬季清除落叶，集中烧毁。③发病严重的枣园，应以夏季雨季早晚、降雨频率和空气温度等气候因素决定喷药时期。北方枣区一般在 7 月上中旬临近发病前开始喷药，相隔 20 天左右，连喷 2 次 200 倍石灰倍量式波尔多液或粉锈宁即可控制危害。必要时还可选用三唑酮、敌力脱等高效菌剂。干旱年份的 6～8 月，除水浇地外，可不必喷药。

145 枣炭疽病的发生规律及防治方法是什么？（视频 21）

枣炭疽病俗称“烧茄子”病，是枣果实的主要病害，危害果实亦能侵染枣吊、叶片、枣头和枣股。果实染病后，果肩变为淡黄色，进而出现水渍状斑点，并逐渐扩大为不规则黄褐色斑块，中间出现圆形凹陷病斑，严重时扩大成片造成果实早落，果核变黑，病果味苦。枣炭疽病病原为半知菌亚门，炭疽菌属。以菌丝体在残留的枣吊、枣头及枣股和僵果上越冬。分生孢子堆具水溶性黏胶状物质，需在有雨水溶化条件下传播，不能风传，7月份以后果实开始发病，发病程度与当年雨水多少及树势强弱有关，雨水多，雨水早，即发病早而重，反之则晚而轻。

防治措施：①加强肥水管理，改良土壤，做到旱能浇，涝能排，增施有机肥，促进树体健壮生长，提高树体抗病能力。②清洁果园：落叶后将园内所有的落叶及落果集中烧掉或深埋。③药剂防治：枣树萌芽前，喷1次波美5度石硫合剂。6月上、中旬喷布1次200倍石灰倍量式波尔多液。7月中、下旬和8月上旬各喷1次杀菌剂，常用药剂有65%代森锌500倍液，50%多菌灵800～1000倍液，75%百菌清可湿性粉剂600倍液，200倍石灰倍量式波尔多液等。

146 枣缩果病的发生规律及防治措施是什么？（视频22）

枣缩果病是北方枣园的一种严重病害，河南等地发病最为严重。其主要症状可分为5个时期，即晕环、水渍、着色、萎缩、脱落。缩果病的病原菌经中国科学院微生物所鉴定为噬枣欧文氏菌，病菌侵入枣果组织后3天开始发病，外果皮出现淡黄色晕环，果皮呈水渍状，果肉土黄松软，外皮变为暗红色无光泽，病区失水萎缩，坏死，果实脱落。枣缩果病的发生规律及严重程度与该枣园的病虫害防治、当年雨水状况以及品种选育直接相关。枣园虫害严重尤以刺吸式口器害虫严重者发病较重，大面积治虫的枣区病害较轻。雨水多、空气湿度大、日照偏少的年份发病严重，反之则发病较轻或不发病。

防治措施：①防治虫害减少传播媒介；重点防治壁虱、叶蝉、蝽类等刺吸式口器昆虫，达到除虫防病的目的。②掌握发病规律，及时喷药防治；一般在果实着色期前后是发病盛期，故此枣果采收前15～20天是防治缩果病的关键时期。可喷杀菌剂如50% DT－MWp600～800倍液，土霉素210单位/毫升等。③选择抗病品种，加强枣园土肥水管理，增强树势，提高抗病能力。

147 如何防治枣苗茎腐病？

枣苗茎腐病又叫枣苗烂根病。其症状是枣苗出土后，生长至3～10片叶时，茎及叶片呈现淡黄色，进而苍白，枯萎而死亡，但枯叶不落。挖土观察根茎部主茎皮层黑褐色腐烂，木质部及髓均已坏死，输导组织中断，苗木枯死，有的根系也已腐烂。该病病原为菜豆科球壳孢菌，是一种弱寄生菌，平时在土壤中营腐生活，以菌核和菌丝在病苗残体中或土壤中越冬。春季温度适宜时开始侵染寄主。喜高温高湿环境，5月初开始发病，6月中旬为发病盛期，7月上初逐渐停止发病。

防治茎腐病的措施比较简单，主要有：①加强枣苗抗病能力，选择强壮苗木定植，提高土壤肥力。②枣萌芽期对苗床喷布波尔多液1∶1∶200浓度，消灭土壤中的菌体，或用50%利得可湿性粉剂800～1000倍液进行土壤消毒。

148 如何防治枣干腐病？

枣树干腐病除为害枣外，还为害栗、梨、杨树等，多从主枝伤口感染，自上而下造成心材腐朽，进而形成树洞，造成体老衰、落果减产。发病初期不易被人发现，10～20年后树洞扩大，树液在生长季外渗，造成枣树纵向破腹形成树洞。该病属真菌感染，有较长的隐发期，常由主枝交叉处或主枝风折后。断口积水病菌浸入而发病，病程长，一般对盛果期树产量影响不大。

防治措施：①注意观察，发现伤口后要进行消毒处理，以防病菌侵入。②发现折断的树枝，立即采取措施，提高树体抗病能力，加强肥水管理。③发现树洞后，注意刮治，并用1%甲醛消毒，然后用水泥等封锁伤口。

149　枣叶斑点病的症状及防治办法是什么？

枣叶斑点病在山东、河南、浙江枣区发病严重。一般在枣开花期感病，时片出现灰褐色或褐色圆形斑点，进而形成圆斑，直径1～1.5毫米。病重时叶片黄化早落，影响枣树花期的授粉受精过程，出现落花落果现象。

防治措施：①进行冬季清园，焚烧枯枝落叶，减少发病基数；②萌芽前喷波美5度石硫合剂，以杀灭病菌；③5～7月喷多菌灵800倍液2～3次。

150　如何防治枣叶黑斑病？

枣叶黑斑病也是一种危害枣叶片的严重病害。发病初期，叶片背面有零星黑点，以后逐渐扩大成圆形或不规则形，严重时连成接成片。被害叶片卷曲、早落。

防治措施为：①清园，焚烧枯枝落叶，减少传染源；②发病初期喷叶枯净800倍液，50%利得可湿性粉剂1000倍液3次；③加强土肥水管理，提高树势，增强抗病能力。

151　如何防治枣果青霉病？

枣果青霉病一般发生在红枣贮藏期。病原菌同柑橘青霉病菌相似。枣果一般多从果洼或果皮有破口的凹陷处感染，感病的枣果，果肉腐烂，组织解体，果胶外溢，果皮发黏，具一种霉味，影响品质和食用。发生枣果青霉病的原因大部分因为枣果水分偏多，贮藏库内湿度偏高而造成的。

防治措施：①蜜枣制品贮藏时要充分脱水，含水量不能高于

20%～30%；②控制贮藏库内湿度不得高于80%。注意排湿通风；③贮藏前进行库内消毒，用1%甲醛熏库以杀死病菌。

152 如何防治枣煤污病?

枣煤污病是一种真菌病害。该病为害枣树叶片、果实和枝条，严重时叶片、枝条、果实均为黑色霉菌所覆盖，整个树冠全成黑色、成灾后，新叶萌发少，影响叶片的正常光合、呼吸、蒸腾作用，因面造成花小、花期短、坐果少、落果多、果实小，严重影响枣树的产量和质量，造成大量减产和绝产。该病以菌丝、分生孢子和子囊孢子越冬，靠风力、昆虫或雨水传播，以蚧、蚜分泌物或排泄物为培养基，在上面生发育，一年进行多次重复感染。7月中旬至8月中旬为发病盛期。介壳虫、蚜虫密度同该害成正相关，雨量大，空气孔率湿度大的年份，往往导致病害大流行。

防治办法：①适时防治介壳虫、蚜虫是防治和减少该病发生发展的关键；②7月中旬以前适时喷药，如多菌灵800倍液喷布2～3次，50%利得可湿性粉剂800～1000倍液。

153 桃小食心虫发生规律及危害特点是什么?（视频23）

桃小食心虫简称桃小，俗名枣蛆，是危害枣果实的主要虫害。幼虫危害枣果，在果内串食，虫粪留在果内，形成“豆沙馅”，发生严重时，造成大量落果，严重影响枣树产量和枣果品质。严重发生时虫果达90%。在华北枣区，枣桃小食心虫1年发生1代，部分个体1年发生2代。以老熟幼虫在土壤中作扁圆形似黄豆粒大小的“冬茧”越冬。越冬茧主要分布在树冠下近树干1米之内的土壤中，在枣树根颈处分布最多。越冬茧主要在0～10厘米土层中，在3厘米左右土层分布最多，约占80%。翌年6月中下旬，越冬幼虫开始出土，一直可延续至8月上中旬，出土期长达2个月，出土盛期在7月上中旬。幼虫出土早晚与降雨有关，天旱年份出土较晚，数量少，如果在6～7月份连续降雨，雨后则出现一个出土高峰。越冬幼虫出土后在地面爬行，多在背阳面的土缝、石缝、杂草等处结一麦粒似的夏茧化蛹，蛹期8～12天。7月上旬羽化成虫，7月中下旬至8月上旬是成虫发生盛期，成虫寿命3～4天，雌虫平均产卵量为30粒，最多可产卵160余粒，卵期7～8天，多产于叶背面叶脉基部、果实梗洼或果面伤痕处。幼虫卵孵后，在果面爬行时间不长便开始蛀果，幼虫蛀果后在果肉中串食，渐深向枣核，幼虫粪便积于枣果内，果被害后提前变红，易脱落。幼虫在果内生活约18天左右，老熟后多在近果顶处咬一圆孔脱出果外，幼虫脱果期从8月中旬至9月中旬，脱果早的幼虫在地面作夏茧化蛹，羽化后交尾产卵，发生第2代幼虫，继续蛀果危害，中晚期脱果的幼虫作冬茧越冬。第2代幼虫脱果盛期在9月中下旬，脱出后入地作冬茧越冬。

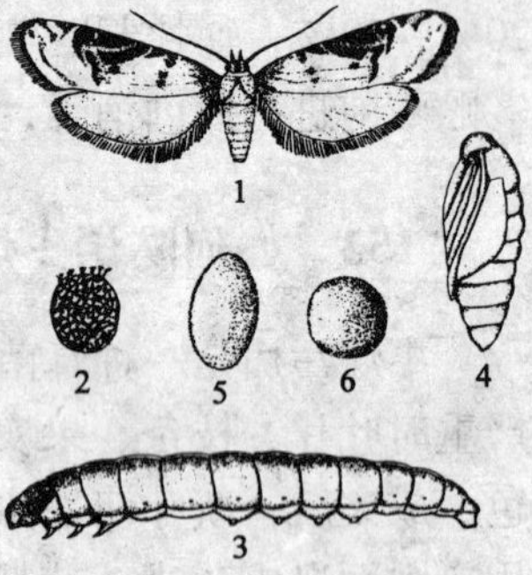

图10-1 桃小食心虫

1. 成虫 2. 卵 3. 幼虫 4. 蛹 5. 夏茧 6. 冬茧

154 桃小食心虫的防治方法是什么?

防治桃小食心虫的关键时期是老熟幼虫出土期和初孵幼虫蛀果前期，防治人员要根据当地的气候情况及时掌握好以上三个时期，做好预测预报工作消灭害虫以蛀果之前。具体方法为：①挖茧或扬土灭茧：在晚秋幼虫脱果入土做茧后，土壤结冻前，翻开距树干约50厘米、深10厘米的表土，铲起撒于地表，并把贴根茎上的虫茧一起铲下，使虫茧暴露于地表，使其经风吹冷冻死亡。此法可使虫茧死亡率高达90%以上；或解冻后到幼虫出土前，在树干根茎附近挖拣虫茧，集中消灭之。②地膜覆盖：春季树干周围半径100厘米以内地面覆盖地膜。能抑制幼虫出土、化蛹、羽化。③拣拾落果：7月中下旬后，每隔2～3天拣拾一次落果，或轻摇树体，使虫果脱落，集中堆沤、熟煮或做饲料，此法可消灭果内幼虫。④性诱防治：利用桃小食心虫性诱剂进行测报和防治。⑤药剂防治：A. 地面用药。枣芽萌动期4月上中旬和老熟幼虫脱落前的7月中旬前后，结合防治其他害虫地面喷洒辛硫磷乳液700倍液，毒杀出土成虫和脱叶胎幼虫。或桃小出土盛期（诱捕器诱到第一头雄蛾时），每亩用25%辛硫磷微胶囊0.5千克，加水5倍和300倍细土，混制成毒土撒施，施后轻轻耙磨。B. 树上用药。诱蛾高峰1周左右，为树上喷药最佳时期，一般为7月中下和8月中下旬。可喷25%灭幼脲3号悬浮剂1000～2000倍液、50%辛脲乳油1500～2000倍液、50%马拉硫磷乳油1000倍液、50%辛硫磷乳油1000～1500倍液等，均有良好防治效果。

155 枣尺蠖的危害特点及发生规律是什么？（视频24）

枣尺蠖又名枣步曲、弯腰虫、弓腰虫，是枣树主要害虫之一。普遍发生我国枣产区，每年正当枣树发芽时，幼虫孵化出来危害枣芽，随着虫龄增长食量也增大，严重时，能将枣片枣林叶片吃光，虫粪遍地，颗粒不收，影响枣树的正常生长和开花结果，而且影响第二年的坐果。

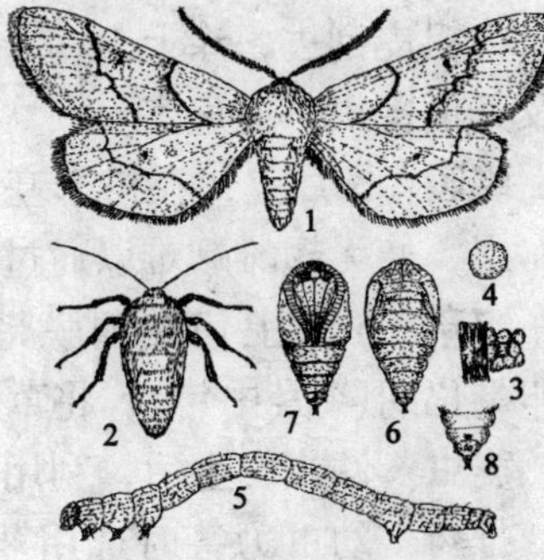

图10-2 枣步曲

1. 雄成虫 2. 雌成虫 3. 产于翘皮下的卵 4. 卵 5. 幼虫 6～7. 雄蛹背腹面观 8. 雌蛹腹部末端腹

枣尺蠖的生活习性为一年发生一代，以蛹在树下土内3～10厘米处越冬，多集中于距树干1

米左右处，3 月下旬至 4 月中旬为蛹羽化期，雄蛾羽化期潜伏于树干上，等待雌蛾上树交尾。雌蛾羽化后则潜伏于树根杂草处，天黑时爬上树与雄蛾交尾。交尾第 2 天即可产卵，卵常产于树干粗皮裂缝处及杂草中。卵期 10～25 天，4 月下旬幼虫开始孵化，5 月上旬为孵化盛期。此期正是枣树萌芽期，故随着枣芽长出即被吃光为害严重期为 5 月中下旬，幼虫危害期 25 天，5 月下旬幼虫开始入土化蛹越冬，6 月上旬为入土盛期。

156 防治枣尺蠖的主要措施是什么?

枣尺蠖的防治措施主要有：

挖蛹 秋季和早春在成虫开始羽化前，距树干 1 米范围内，深 10 厘米处挖越冬蛹，集中消灭之。

堆沙 惊蛰前树干基部培起 30 厘米左右沙堆，表面拍实、光滑，阻止雌虫上树，并在沙堆上每天捕捉雌蛾。

涂油 粘油配方是蓖麻油 0.5 千克熬沸，放入石蜡 0.1 千克，停火后放入松香 0.5 千克，溶化后即成。在距地面 10～50 厘米处，将粗皮刮去，涂上 10 厘米左右粘虫带，以阻止雌蛾、初孵幼虫及其他害虫上树危害。

绑膜 3 月上旬在树干基部绑一条宽 10～15 的塑膜，起到溜滑作用，使无翅雌蛾难以通过光滑的塑料带而爬至树上。

绑草 3 月上旬在塑膜带下部绑一圈稻草、诱集雌蛾产卵，至卵孵化期(4 月中旬)，将草绳解下烧掉。

震虫 幼虫发生后，利用其假死性，敲树震落，及时消灭。

打药 幼虫为害时选用药剂防治，越早效果越好。灭幼脲 1 号(20% 胶悬剂)5000 倍液。

157 枣粘虫的危害特点与发生规律如何?

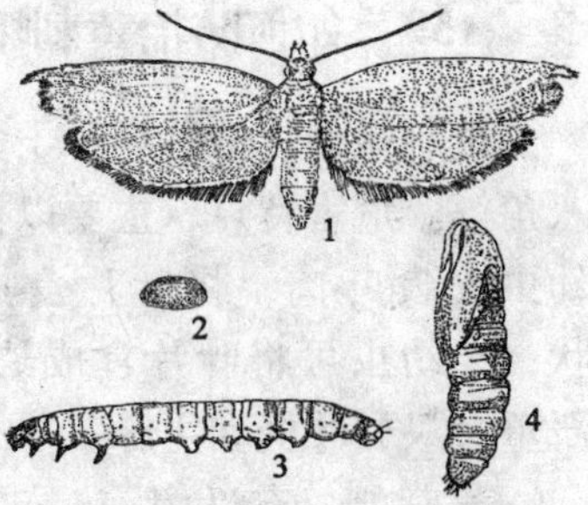

图 10-3 枣镰翅小卷蛾

1. 成虫 2. 卵 3. 幼虫 4. 蛹

枣粘虫又名枣实菜蛾、枣小蛾、枣镰翅小卷蛾、粘叶虫，俗称卷叶虫、包叶虫。幼虫全身黄白色，成虫黄褐色，以幼虫危害叶处为主，也食害果实造成减产，降低枣果质量。

枣粘虫在华北地区一年发生 3 ~ 5 代，以蛹在粗皮裂缝、树洞等处越冬。3 月中旬开始羽化成虫有很强的趋光性，卵常产于光滑的小枝、枣股和树粗皮上，10 ~ 15 天孵化，4 月上旬至 5 月中旬出现第 1 代幼虫，5 月上旬为孵化盛期。初孵幼虫半小时后即危害枣芽，此后吐丝将幼叶粘起，包成子形式食害叶肉，一条幼虫一生可为达 6 ~ 8 片叶，老幼虫在叶内作茧化蛹，5 月末至 6 月下旬出现第一代成虫。此代成虫多在枣叶片上产卵，孵期 3 ~ 12 天。第 2 代幼虫发生在 6 月中旬至 7 月下旬，第 3 代幼虫发生在 7 月下旬至 10 月中旬。9 月上旬开始以老熟幼虫进入树皮缝等处作茧化蛹越冬。

158 防治枣粘虫的主要措施有哪些?

根据枣粘虫的生活习性可采取如下防治措施：

(1)9 月上旬以前在树干、树叉部位捆缚草把诱集越冬幼虫，11 月以后解下草把集中烧毁。

(2)冬季或早春刮树皮，堵塞树洞，杀灭越冬幼虫。

(3)生长季夜间灯光诱杀趋光成虫。

(4)春季枣芽萌发后喷布 50% 的辛硫磷乳剂 1500 ~ 2000 倍液，杀灭第 1 代幼虫，枣芽长至 5 ~ 8 厘米时喷第 2 次药，6 月下旬喷第 3 次药，如果时期掌握好，基本可控制危害。

159 如何防治黄刺蛾？（视频 25）

黄刺蛾幼虫俗称洋辣子、枣八角等。危害特点，主要以初孵幼虫咬食叶肉，将叶片食成网状；老幼虫可将叶片食成缺刻，严重时只剩叶柄和主脉。

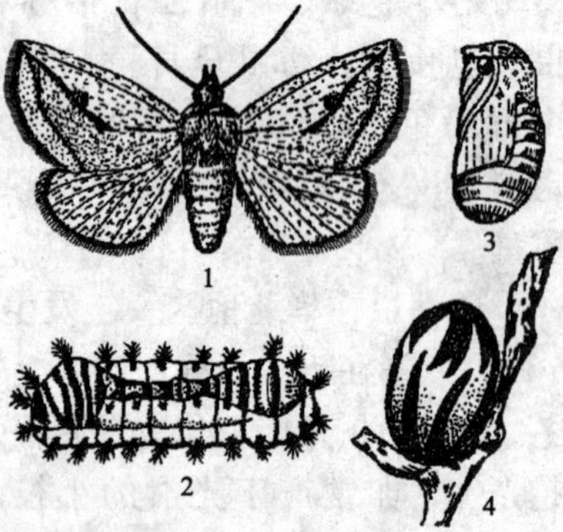

图 10-4 黄刺蛾

1. 成虫 2. 幼虫 3. 蛹 4. 茧

黄刺蛾一年发生 1 ~ 2 代，以老熟幼虫在树枝上结钙质茧越冬，5 月下旬至 6 月中旬羽化成虫，成虫有趋光性。卵产于叶背，数十粒连成一片，7 ~ 10 天孵化，初孵幼虫有群居性，以后分期食叶肉，7 月上旬至 8 月上旬为危害盛期。

防治措施为：①结合修剪，剪掉虫茧枝，集中销毁，这是最有效又经济的方法。②成虫发生期，用灯光诱杀成虫。③幼虫发生高峰期，即 6 月中旬左右，掌握幼虫群集期，喷布 90% 敌百虫 1000 倍液或 50% 久效磷乳剂 3000 ~ 5000 倍液均可。

160 如何防治大青叶蝉和中华拟菱纹叶蝉？

大青叶蝉属同翅目，叶蝉科。又叫大绿浮尘子、青叶跳蝉等。该虫分布广，食性杂，除危害枣以外，还危害苹果、梨、桃、山楂、桑、柳、杨、榆、花生等。以成虫或若虫刺吸植物叶、花、果、枝汁液，或在嫩枝上产卵。造成枝、叶、花生长不良，严重时枝条枯萎，造成大量减产，并引起多种疫害的传播蔓延。

大青叶蝉一年发生 3 代，以卵在枝皮缝隙处越冬。翌年 4 月孵化，若虫首先在杂草及作物上危害，成虫以后飞到枣树上危害，刺吸枣果汁液，并在嫩枝上产卵。5 ~6 月出现第 1 代成虫，7 ~8 月出现第 2 代成虫。成虫具有趋光性，善飞喜跳，危害期一般为 25 ~35 天，每头成虫可产卵 30 ~70 粒，越冬卵期一般为 160 天。

中华拟菱纹叶蝉属鳞翅目，叶蝉科。该成虫头淡黄色，背具有褐色斑点，前胸褐色，具淡黄色条状斑纹。前翅灰色，翅端具有圆白斑，两翅合并时，两翅后缘的三角斑构成菱形，故叫拟菱纹叶蝉。

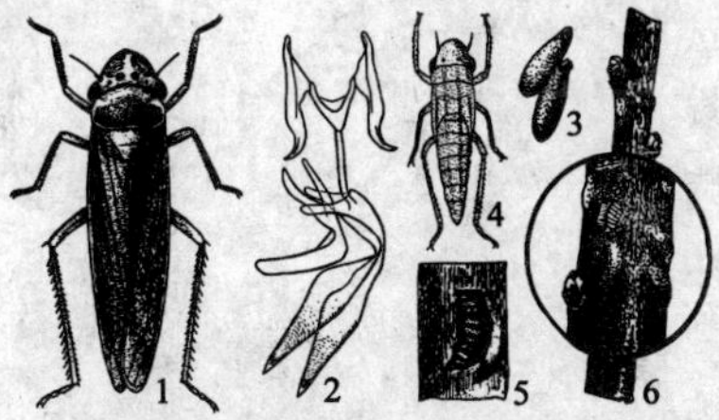

图 10-5 大青叶蝉

1. 成虫 2. 雄性外生殖器 3. 卵 4. 卵块 5. 若虫 6. 危害状

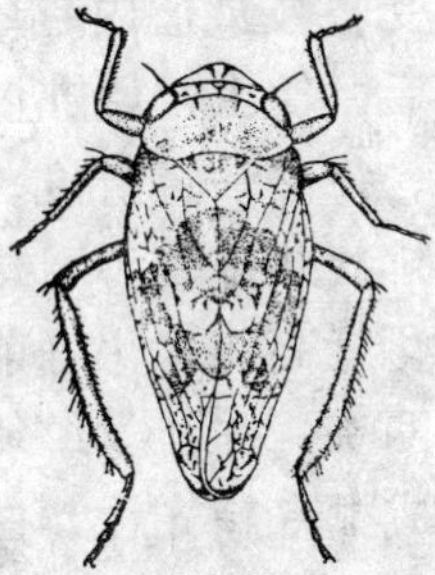

图 10-6 中华拟菱蚊叶蝉(成虫)

该虫分布于浙江、江苏、河南等地，除危害枣树外还危害桑、泡桐等树木。以成虫刺吸枣枝、叶、果的汁液，造成枝叶枯黄，危害严重，但更为严重的是此虫可传播枣疯病，该虫在刺吸枣疯病发病植株后，又刺吸健康的枣树而传播了枣疯病，造成枣疯病的大发生。故此该虫是枣树的主要害虫之一。

防治方法主要为：①人工灭卵：结合修剪剪除产卵枝条，或对卵块密度大的幼树，冬季人工压破卵块。②灯光诱杀成虫：在成虫发生期，利用其趋光性进行灯光诱杀。③饲养或保护天敌，如人工饲养赤眼蜂等，或在天敌出现盛期减少打药次数，保护天敌。④化学防治，在成虫发生期 5 ~6 月进行防治。

161 枣豹蠹蛾的生活习性及防治措施是什么?

枣豹蠹蛾属鳞翅目，豹蠹蛾科。又叫截干虫。该虫主要分布华南、华北地区，除危害枣外还危害杏、梨、核桃、刺槐等，以幼虫蛀入枣吊质部，并在木质部内窜行，造成枣吊枯萎，尤其对幼树危害后，形成小老树不能结果，对枣树产量影响很大。

枣豹蠹蛾一年发生一代，以幼虫在受害枝虫道内越冬，翌年树液流动后，幼虫开始在髓道内蛀食木质部，每隔一定长度，向外啃食洞口，排气并排粪。老熟幼虫7月初进入化蛹高峰，化蛹前用虫粪堵塞虫道两头，并吐丝缠缀，化蛹在其中。成虫有趋光性，白天静止，夜间飞翔交尾，产卵于幼树和新生枣头枝条上。

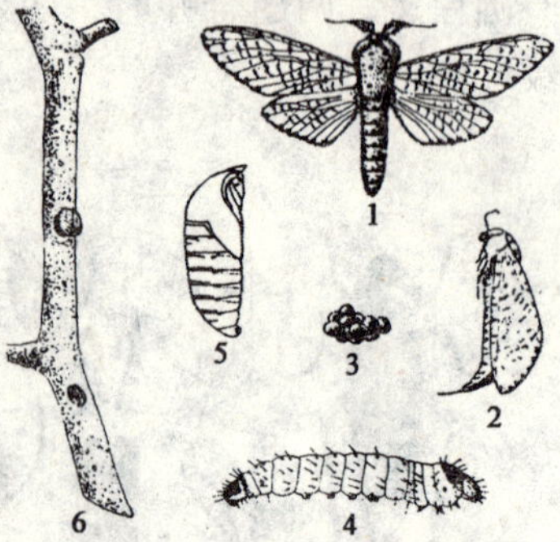

图10-7 枣豹蠹蛾

1. 雄成虫 2. 雌成虫 3. 卵 4. 幼虫 5. 蛹 6. 被害状

幼虫孵化后，开始从叶柄基部蛀入，取食枣吊木质部，随虫龄及虫体增大，开始向二次枝、一次枝或幼树主干转移。首先啃食皮层，取食木质部，直达髓心，自下而上取食。越冬前多回头向下蛀食，并在较粗的枝条内堵住虫口越冬。

防治方法：①5月上旬进行枯枝普查，发现有枯枝，或枣头有萌芽者，从枯枝以下20~30厘米处剪枝，发现虫孔后，剖开消灭幼虫。②在成虫羽化高峰期，根据其成虫趋光性进行灯光或堆火除虫。③寻找蛀孔，并沿虫孔注入药液，杀死枝干中的幼虫。

162 星天牛的危害性及防治方法是什么？（视频 26）

星天牛属鞘翅目，天牛科。又名盘根虫。该虫分布于辽宁、河南、河北、山西等地，分布广，为害重，食性杂，主要危害的植物有杨、柳、榆、槐、桑、枣、苹果、梨等。以幼虫蛀食主干、主根或主枝，造成树体早衰，幼树死亡，是重要的蛀干害虫之一。

该虫一年发生1代，以幼虫在树干基部或主根虫道内越冬。5月上旬羽化，6月上旬达到羽化盛期。8～9月成虫开始出现。成虫在蛹室羽化后停留5～8天，然后咬开坚硬的树皮爬出。成虫顺树干攀援，取食嫩枝叶及树皮，造成枝叶遍体鳞伤，成虫产卵前在枝干距地面20～35厘处，咬掉老皮，啃韧皮部，形成弧形或“⊥”形的产卵穴，开始在穴中产卵，每穴产卵1粒，1头雌虫可产卵70粒。成虫寿命25～60天。

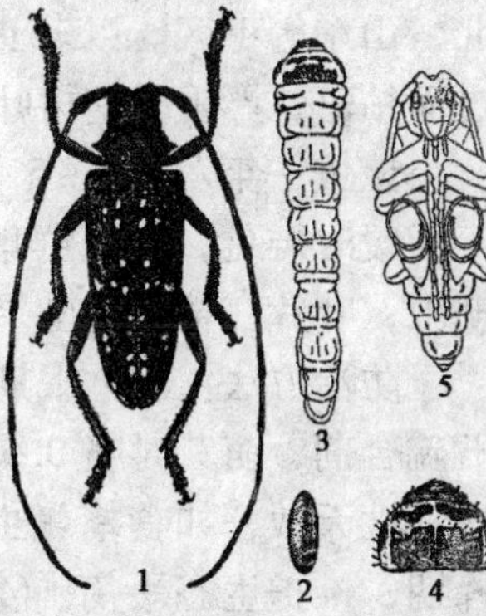

图 10-8 星天牛

1. 成虫 2. 卵 3. 幼虫
4. 幼虫头与前胸背面 5. 蛹

初孵幼虫先以韧皮部为食，2龄后向木质部取食，贴韧皮部为害木质部，不做排粪孔和通气孔。剖开树皮多为开放式虫道。横断面为“C”形，对枣树水分、有机物输导影响颇大，造成被害同侧枝条生长量小，叶片黄化，落果多，病害重，严重时整株死亡。

防治方法：①根据成虫喜高温天气午休的习性，进行人工捕捉，杀灭成虫。②根据成虫产卵习性幼虫蛀干习性，进行人用小刀剜卵或幼虫，消灭卵和幼虫。③寻找蛀干孔，或在幼虫蛀入主根后，用10%杀灭菊酯药液灌注虫道，使幼虫中毒死亡。④发现虫道后，除灌药外，还可用带钩的粗铁丝，伸入虫道捅死或钩出幼虫。⑤将熟红芋加入1%杀灭菊酯及少量面粉，调成面泥，堵塞洞口，幼虫感觉通气不良后便爬向通气口，啃食红芋泥时，即可中毒死亡。

163 苜蓿红蜘蛛的生活规律及防治措施是什么？

苜蓿红蜘蛛属蛛形纲蜱螨目，叶螨科。该虫分布于河南、河北、山东等枣区。以若虫、成虫危害枣叶片，被害叶由绿变黄，进而枯落，严重时整树叶片枯焦状，产量无几。

该虫一年发生1~5代，以卵在枝、干皮缝或树洞内越冬。翌年天暖时孵化，若虫群集危害枣叶，严重影响花芽分化，缩短花期限，叶片变黄褐，坐果率低。

防治方法：①休眠期树皮，集中焚之灭卵。②萌芽前喷5度石硫合剂，萌芽时喷0.5度石硫合剂。③保护天敌或饲养草蛉等捕食性天敌，如食螨瓢虫、捕食蝽、肉食螨，喷药时错过天敌高峰期，维护生态平衡。④化学防治，在若虫，幼虫发生高峰期喷73%克螨特1000倍液。

164 枣芽象甲的生活习性及防治方法是什么？

枣芽象甲，又称食芽象甲、枣飞象，属鞘翅目，象甲科。发生在河南、河北、山西、辽宁等地，危害枣、苹果、梨等果树。

枣芽象甲早春出土，首先为害枣庄嫩芽，是枣庄树上出现最早的一种害虫，虫口密度大时，能吃光枣叶，导致二次萌芽，造成减产或绝收。幼虫生活于土中，危害植物地下部组织。

该成虫深灰或土黄色，头黑色，两鞘翅弧形，长为宽的2倍，腹面银灰色。卵乳白色，后期棕色，长椭圆形，很小。幼虫无足，乳白色，弯纺锤形。

辽宁、河北、山东、河南、山西、江苏年生1代，以幼虫于5

~10 厘米深土中越冬。山西太谷地区越冬幼虫 3 月下旬开始上移到表土层活动、危害，老熟后在 3 厘米左右深处化蛹，化蛹期 4 月上旬至 5 月上旬，盛期 4 月中旬前后，蛹期 12 ~ 15 天。成虫羽化后一般经 4 ~ 7 天出土，4 月下旬田间始见成虫，4 月底至 5 月上旬为成虫盛发期。成虫寿命 20 ~ 30 天，6 月上旬仍有成虫危害，成虫多沿树干爬上树活动危害，以 10 ~ 16 时高温时最为活跃，可作短距离飞翔，早晚低温或阴雨刮风时，多栖息在枝杈处和枣股基部不动，受惊扰假死落地。上树后即开始交配。交配后 2 ~ 7 天开始产卵。卵多产在枝干皮缝和枣股枝痕内，数粒成堆产在一起。每雌可产卵 12 ~ 45 粒。产卵期 5 月上旬至 6 月上旬，盛期为 5 月中下旬。卵期 20 天左右。

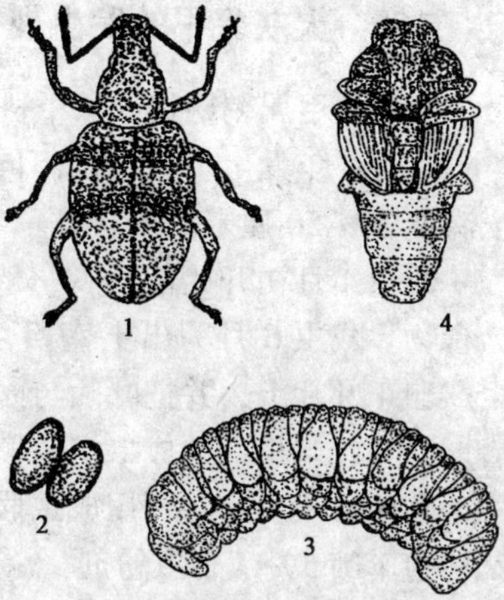

图 10-9　食芽象甲

1. 成虫　2. 卵　3. 幼虫　4. 蛹

成虫有假死性，卵产于嫩芽、叶腋及皮缝中，幼虫孵化后，顺树干而下，入土生活，以植物根系为食料。9 月以后入土越冬。春暖后幼虫上升至 5 ~ 10 厘米处，作土室化蛹。

防治方法：①春季成虫出土前在地下喷 50% 辛硫磷乳剂 300 倍液。②在成虫出土前，树干用 20 厘米宽的塑料薄膜绑一圈，薄膜上部向下反卷，并在膜中部绑毒草把，阻止枣芽象甲上树，消灭在危害之前。③利用成虫假死性于早晚在树下铺塑料布，每日或隔日震落成虫，集中消灭。④成虫上树危害后，喷 50% 马拉硫磷乳油 1000 倍液，或 50% 辛硫磷乳油 1000 ~ 1500 倍液。

165 大灰象甲的发生规律及防治方法是什么?

大灰象甲属鞘翅目，象甲科。又叫大灰象鼻虫。

该虫一年发生1代，以不同龄期幼虫和成虫在土中越冬，入土深度30~50厘米。

幼虫4月初开始活动，一般不危害叶片和果实，以植物根系为食物。成虫6月为出土盛期，善爬行，喜弹跳，有假死性。成虫产卵于叶片上，并把叶片与卵块粘在一起，成虫前期危害枣叶，后期食花，啃果，造成果实畸形，品质降低，危害较大。

防治方法为：①利用成虫假死性，敲击树枝，捕杀落地成虫。②树冠下喷5%敌百虫粉剂，杀死成虫。尤以6月成虫出土盛期效果最好。③成虫发生高峰期喷2.5%辛硫磷1000~1500倍液，杀灭上树成虫及孵化幼虫。

166 小青花金龟子的生活习性及防治措施是什么?

小青花金龟子属鞘翅目，金龟子科。该成虫体长12~14毫米，暗绿色，头黑褐色，触角10节，前胸背板由前向后外扩，前端两侧各具白斑一个，密布黄色绒毛，鞘翅上有银色斑纹。体腹面有足黑色，密生褐色茸毛；卵球状，白色；幼虫头小，褐色。胴部乳白色，臀板圆形；蛹为裸蛹，白色，尾端棕黄色。

该虫一年发生一代，以幼虫在土中越冬，6月初作土室化蛹，6月中、下旬成虫出土活动，咬食嫩叶、花朵。7月中旬交尾产卵。成虫喜白天活动，无趋光性，但具有假死性。

防治方法：①利用其假死性，敲击树枝，捕杀成虫。②成虫发生盛期喷2.5%敌百虫粉或喷杀灭菊酯4000倍液，效果较好。③有条件时喷布金龟子杆菌0.5亿/毫升菌液使成虫食叶后吞菌发病而死。④喷波尔多液，对该虫有拒食作用。

167 如何防治枣龟蜡蚧？（视频27）

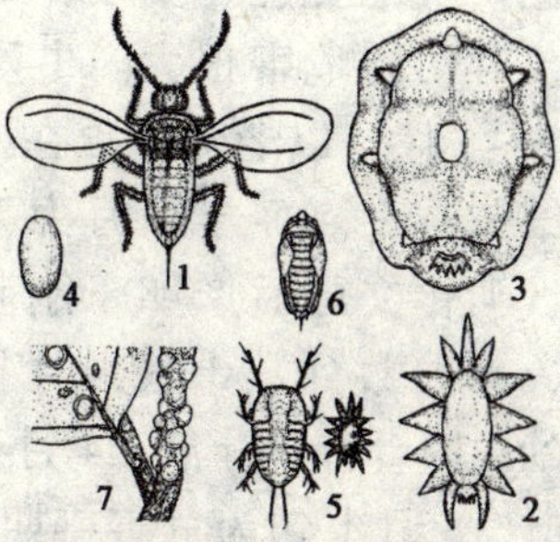

图 10-10 枣龟蜡蚧

1. 雌成虫 2. 雄成虫 3. 雄蛹 4. 雄虫蜡壳 5. 若虫 6. 卵 7. 危害状

枣龟蜡蚧属同翅目，蜡蚧科，又叫日本龟蜡蚧、枣虱。该虫以若虫、雌成虫固定在枝、叶、果上吸食汁液，排出物诱发煤菌蔓延，使枝、叶、果上布满黑霉直接影响光合作用，导致大量落果、树势衰落，不仅造成当年减产，而且影响几年内的树势。故此虫是枣树主要害虫之一。

该虫一年发生1代，以受精雌成虫在1~2年生枝上越冬。翌年4月树体萌动时开始刺吸树液，增大虫体。5月中旬开始产卵，一头雌虫最多可产卵3900粒。7月上旬为卵孵化盛期。雄虫8月中旬开始化蛹。雄成虫羽化后，爬出蜡壳，白天活动飞舞，寻找雌虫交尾。雄成虫有趋光性。交尾后的雌成虫由叶片向枝条转移，尤其喜欢在新枣头上定居下来为害。

防治方法：①冬天结合整枝修剪，剪去虫枝，集中烧毁。②保护天敌，如体外寄生昆虫长盾金小蜂、体内寄生昆虫姬小蜂，其次还有瓢虫、捕食性昆虫等。③化学防治，如在若虫孵化高峰期喷50%可湿性西维因500倍液，25%的喹嗬磷乳剂1000~2000倍液。

168 如何防治枣瘿蚊？

枣瘿蚊属双翅目瘿蚊科，又叫枣叶蛆，枣蛆。

枣瘿蚊以幼虫危害枣树嫩叶、花蕾和幼果，影响枣头生长，影响枣吊抽生。被害嫩叶的叶缘向叶面纵卷，卷得很紧呈筒状，叶色变为紫红色，质地变脆、变硬，最后变黑枯萎，对幼树危害很大。枣瘿蚊1年发生5~6代，以老熟幼虫在树下土壤表层结茧越冬。翌年4月中下旬开始化蛹，羽化交尾后产卵于刚萌发的枣芽上，卵粒数到数十粒成片排列。孵化后幼虫吸食叶片汁液，4月下旬便出现卷叶，5月上旬为危害盛期，5月中下旬严重被害叶开始焦枯脱落。5月下旬第1代老熟幼虫脱叶入土化蛹，以后各代不整齐。北京地区5~6月份大量发生，危害最重，幼虫10天左右老熟。8月下旬老熟幼虫开始入土作茧越冬。

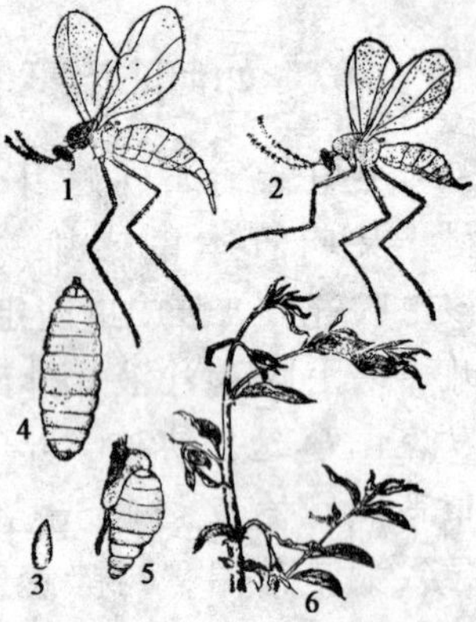

图10-11　枣瘿蚊

1. 雌成虫　2. 雄成虫　3. 卵　4. 幼虫　5. 蛹　6. 被害状

防治方法：①8月下旬以前树下覆塑料薄膜，阻隔幼虫入土越冬。②土壤防治：春季枣树萌芽前，地面喷洒50%辛硫磷300液，喷后浅耙，可杀死入土化蛹的老熟幼虫；秋季将树盘浅翻，可冻死入土虫蛹，消灭越冬虫源；早春成虫羽化前深翻，可把老熟幼虫或蛹翻到深层，使成虫不能羽化出土。③3月下旬以前树下覆塑料薄膜，阻隔越冬幼虫出土。④药剂防治：枣芽萌动期开始，发现被虫危害叶时，及时树上喷药防治。可喷25%灭幼脲3号悬浮剂1000~2000倍液，50%辛脲乳油1500~2000倍液，50%马拉硫磷乳油1000倍液，50%辛硫磷乳油1000~1500倍液等，均有良好防治效果。

169 如何防治枣叶壁虱？

枣叶壁虱俗称灰叶病、雾病、火龙等。它以成虫、若虫危害枣叶、花、果。被害叶片灰白色，叶肉增厚，变脆，严重时叶表皮细胞坏死，失去光合能力，叶卷曲易落，花萼被害后不能开花。

枣叶壁虱一年发生3代以上，以成虫或若虫在枣股芽鳞内越冬。此虫一年有3次危害高峰，即4月末、6月下旬、7月中旬，每次持续10~15天。8月上旬开始转入芽鳞缝隙处越冬。

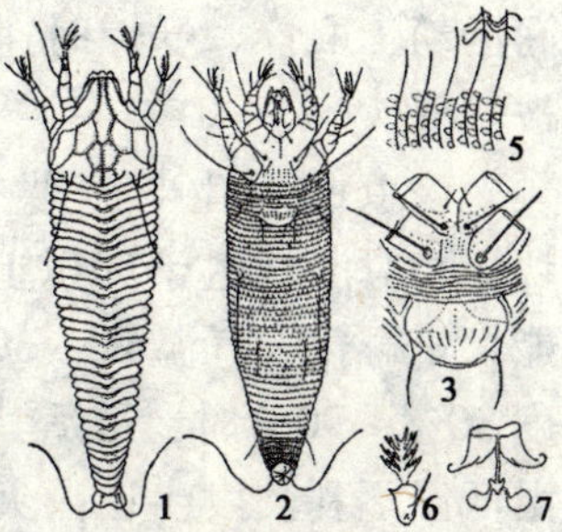

图10-12 枣叶绣螨(♀)

1. 背面观 2. 腹面观 3. 外生殖器 4. 腹部微瘤 5~6. 羽状爪 7. 内生殖器

防治方法：①冬季人工清除、寻找叶壁虱越冬成虫、若虫。②根据其为害的3次高峰进行喷药。③发芽前喷5度石硫合剂，干旱地区结合树下灌水树上喷水，亦能减轻危害。

170 如何防治绿盲蝽？

绿盲蝽，又名小臭虫、破头疯，属半翅目、盲蝽科。分布在我国长江、黄河流域。寄主除枣外，还有苹果、石榴、桃、泡桐及小麦、棉花、豆类、玉米、高粱、马铃薯等多种果树林木及农作物。

该虫主要以成、若虫刺吸寄主幼芽、嫩叶和花蕾。被害叶、芽先呈现失绿斑点，随着叶片的伸展。小点逐渐变为不规则的小洞。花蕾受害后发育停止，枯死脱落，受害重的枣树花几乎全部脱落，严重影响结果。

该虫1年发生4~5代，以卵在植物枝茎、皮缝或土中卵穴内越冬。翌年4月旬平均气温10℃时，孵化为若虫。枣树萌芽后。若虫即上树危害，5月中旬结果枝展叶时是第1个危害高峰期。2~5代成虫分别于6月上旬、7月中旬、8月中旬和9月下旬发生。该虫世代重叠。成虫寿命30~40天，飞翔力较强，白天潜伏，夜间活动、取食。受惊时速迁，故不易被发现。

该虫的发生与气候条件关系密切。相对湿度达65%以上时，其卵才能大量孵化。气温20～30℃，相对湿度80%～90%时，最适其发生，而高温低湿不利其发生；白天温度高，夜间凉爽，湿度大，连续阴天或间断性小雨天气，是该虫猖獗的气象条件，因此，华北各枣区，8月份一旦多雨；枣缩果病易于蔓延成灾，亦同该虫危害传病有关。

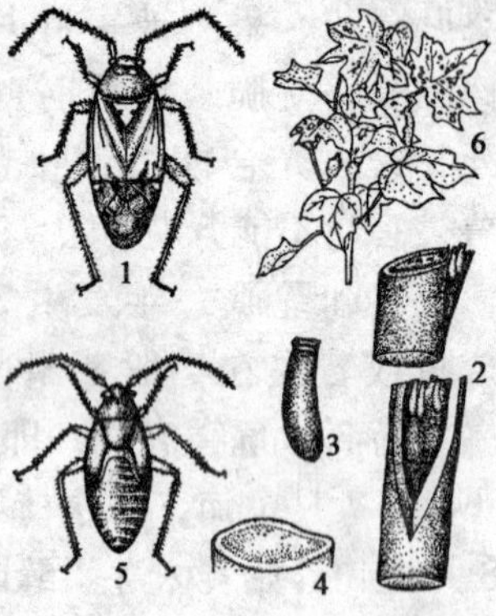

图10-13 绿盲蝽

1. 雌成虫 2. 苜蓿茬内的越冬卵 3. 卵 4. 卵盖正面观 5. 大若虫 6. 危害症状

防治方法：①春季越冬成虫出蛰活动前，清理园内枯枝落叶、杂草，刮树的枝干粗皮和堵树洞，并结合平田整地，集中处理清除物，可消灭部分越冬成虫；②在成、若虫危害期，利用假死性，在早晚进行人工振树捕杀，尤其在成虫产卵前振落捕杀，效果更好。同时还可防治具假死性的其他害虫，如象甲类、叶甲类、金龟子类等。③结合其他管理，摘除卵块和初孵群集若虫。④越冬成虫出蛰完毕和若虫孵化盛期或卵高峰期用药喷树，防治效果很好，使用的药剂有2.5%敌杀死乳油或2.5%功夫乳油5000倍液，2.5%早奇乳油2000倍液、40%氧化乐果乳油1000倍液等均有良好防效。

171 农业防治的措施主要有哪些？

农业防治的方法首先是农业预防。加强管理，增强树势，提高抗病虫能力，有效地预防病虫害的发生。根据枣树为喜光性树种的特性，在枣树栽植时，应选择在开阔的向阳坡地上，在平原则应加大株行距，并修剪成透光性强的树形，保证冠内无弱枝、密枝、拥挤枝和重叠枝。生长季后期注意控水，雨后及时排水，以利根系的健康生长，防止枝条徒长。为保证树体的健康生长，要有足量的有机肥和无机复合肥，控制氮肥施用量。其次可以采取各种农业农业措施防治。

(1)刮粗翘皮。每年“惊蛰”后，有枣粘虫、枣粉蚧、绿盲蝽发生的枣园，将树干、大枝的粗皮刮掉，并集中烧毁，可消灭越冬病虫；刮皮以刮去黑皮，露出红皮，不伤白皮为宜。

(2)树干缠塑料膜，缠草绳。在有枣尺蠖及食芽象甲、大灰象甲危害的枣园，每年“惊蛰”后至“清明”前，在树干距地面60厘米高以上缠20厘米宽、长于干周5厘米的塑料膜，可有效地阻挡枣尺蠖母蛾和食芽象甲、大灰象甲上树危害。在由此向下30cm处，在树干上再缠1圈草绳，诱使枣尺蠖雌蛾产卵于草绳内，将解下的草绳烧掉，可有效地防治枣尺蠖的危害。

(3)冬剪除虫。结合冬季修剪，剪虫枝，掰虫茧。将枣龟蜡蚧危害枝、蚱蝉产卵枝、枣豹蠹毒蛾虫枝剪去。如枣树发生干腐病，则可锯掉已坏死部分，并用1%甲醛液涂刷以消毒。黄刺蛾茧也是重要越冬虫源，应予掰掉。生长季及早摘除病虫叶、果，剪除病虫枝。

(4)每年“清明”前后，有食芽象甲、大灰象甲、枣尺蠖危害的因子，可在树干上涂20厘米宽的废机油或粘虫胶，可阻杀其上树危害。

(5)封冻前翻树盘。可将土壤中越冬的桃小冬茧、枣尺蠖蛹、枣瘿蚊等越冬幼虫冻死，以此来降低越冬虫口密度。

(6)地面覆盖地膜。在桃小、桃蛀螟、枣瘿蚊等入土越冬的虫子，每年立夏时，地面覆盖地膜，以阻挡这些虫的出土和上树危害。

(7)清洁田园。在入冬以后至第2年3月份清理果园内的枯枝落叶及病虫果实，用火烧掉。可有效降低枣锈病、枣褐斑病、枣叶斑病等病虫害的越冬基数。

(8)严格疏花疏果，合理负载，保持树势健壮。

(9)在枣树行间和枣园周围种植有益植物，增加物种多样性，提高天敌有效性，控制次要病虫发生。

172 怎样用物理防治的方法治病虫害?

物理防治是根据害虫生物学特性，利用害虫有趋光、波、色的习性，采用物理方法诱杀害虫，可减少化学农药的使用。

捕杀法 在冬枣树的整个生育期中均可进行。对园中害虫如天牛、枣尺蠖、枣粘虫等发生危害期进行人工捕捉，也可在黄斑蝽、棉铃虫等害虫产卵期及时地进行抹卵。

诱杀法 采取糖醋液诱杀的方法是，按红糖1份、醋2份、水20份比例，放入盆或废旧罐头瓶中，悬挂于树上。灯光诱杀是在害虫发生期，在枣园中挂黑光灯，可防治食心虫、蟋象、天牛等害虫的危害。利用蚜虫对黄色有趋性的特点，可用涂上粘胶或机油的黄色塑料条和黄板，或黄色器皿内放药液，挂在树枝上诱集捕杀蚜虫。

173 怎样用生物防治的方法防治病虫害?

生物防治指以菌治虫、以虫治虫、以各种生物制剂和生物技术手段防治病虫害。由于生物防治经济安全，对枣果及环境无污染且不伤害天敌，害虫不易产生抗药性，近年来受到人们的普遍重视。

目前在生产实践中以菌治虫和各种生物制剂已得到成功运用。例如，用苏云金杆菌制剂防治多种鳞翅目害虫已取得实效，细菌性病害缩果病可选用农用链霉素进行喷雾。真菌性病害可用农抗120抗菌素600倍。螨类可选用阿维菌类如虫螨克1500倍防治，食心叶虫可选用 Bt 制剂 200 倍液防治，如蚜虫、红蜘蛛、介壳虫、枣尺蠖、棉铃虫可保护利用草蛉等天敌控制，也可在鳞翅目害虫产卵期释放赤眼蜂来控制。同时在园中要注意保护天敌如蚂蚁、青蛙及一些有益的鸟类，并可在园中间作一些天敌喜欢在其上栖息的作物来招引天敌昆虫。

以虫治虫的生物防治手段也日益受到果农的重视，一些可行的防治措施也得到广泛采用。利用寄生性、捕食性天敌昆虫及病原微生物，调节害虫种群密度，将其种群数量控制在危害水平以下；在枣园内增添天敌食料，设置天敌隐蔽和越冬场所，招引周围天敌。饲养释放天敌，补充和恢复天敌种群；限制有机合成农药的使用，减少对天敌的伤害。

利用保护草蛉等天敌控制蚜虫、红蜘蛛、介壳虫、枣尺蠖、棉铃虫等危害，在鳞翅目害虫产卵期释放赤眼蜂，释放人工饲养的捕食螨来控制红蜘蛛等害螨的危害，都是目前应用较成功的生物防治技术。运用捕食螨防治害螨可替代化学农药防治，能大幅度减少农药使用量及农产品的农药残留量，保护农业生态环境，对于生产无公害枣果意义重大。

利用生物技术进行枣苗茎尖脱毒快繁既可有效防治病毒病，也可加快优良品种的繁育速度，这项技术已开始在枣树生产中推广应用。

174 枣无公害栽培防治病虫有哪些常用技术?

利用昆虫信息素诱杀 可利用昆虫性信息素如梨小实心虫诱芯，桃小食心虫诱芯诱杀食心虫；利用昆虫的趋光性、趋糖醋性等，采用灯光、色彩等诱杀害虫。

释放寄生性捕食性天敌动物 采取人工饲养的方法，繁育有益寄生性、捕食性天敌动物，如赤眼蜂、瓢虫、捕食螨、各类天地蜘蛛及昆虫病原线虫等。用以对有果实虫害进行寄生性灭除或直接捕食减少虫害发生。

选用活体微生物农药和低毒化学药剂 目前市场上有许多活体微生物农药和低毒化学药剂出售，选用一些药剂可有效地防治虫害。同时达到无公害果品生产要求。如利用0.6%海正灭虫灵EC(浙江海门化工厂)和1.8%爱福丁EC(中国农业大学微生物工程基地)防治叶螨有较高的防效；利用灭幼脲3号(通化农药化学工业公司)和90%杀虫丹WP(合肥精细化工厂)防治枣尺蠖等；1%中生菌素AC(河北省高碑店生物化学厂)是一种高效低毒，对动物天敌无毒，不污染环境的生物农药，用其可较好的防治枣烂果病。

175 怎样科学合理地使用农药?

对某些病虫害发生特别重的枣园，或未进行农业措施防治的枣园，要生产无公害枣果，必须加强预测预报工作，如桃小食心虫和枣尺蠖的出土期预测、枣粘虫的发生预测。并要合理选择无公害农药，杜绝毒性大、残留长的药剂应用于枣果无公害生产，尽量使用生物性农药、昆虫激素、特异性农药。如应用抗生素类1.0%阿维虫清乳油2000倍液，兼具杀虫、杀螨作用，可有效地防治枣尺步曲、枣粘虫、黄刺蛾、螨类等，并且对人、畜、天敌安全，又不污染环境。具体注意事项如下：

(1)加强病虫害的预测预报，做到有针对性地适时用药，在发生初期及时用药，未达到防治指标或益害虫比合理的情况下不用药。

(2)允许使用的农药，每种每年最多使用2次。最后一次施药距采收期间隔应在20天以上。

(3)限制使用的农药，每种每年最多使用1次。施药距采收期间隔应在30天以上。

(4)严禁使用禁止使用的农药和未核准登记的农药。

(5)根据天敌发生特点，合理选择农药种类、施用时间和施用方法，保护天敌。

(6)注意不同作用机理的农药交替使用和合理混用，以延缓病菌和害虫产生抗药性，提高防治效果。

(7)坚持农药的正确使用，严格按使用浓度施用，施药力求均匀周到。还要注意药物防治害虫，要群防群治，即在所有发生地块上，同时进行治疗才能收到较好的防效，而且能降低防治病虫的成本。

176 如何配制波尔多液？（视频 28）

波尔多液的配制原料是：硫酸铜、生石灰、水。原料之间的比例因树种而异。其基本比例为：1∶2～3∶200～500。即 1 份硫酸铜，2～3 份生石灰和 200～500 份水。配制方法是：将硫酸铜和生石灰分别放在非金属容器中，用少量热水化开，放凉，再将 1/3 的水倒入石灰液中，将 2/3 的水倒入硫酸铜中，然后将硫酸铜液慢慢倒入石灰乳中，边倒边搅拌，使液体呈天蓝色，即配制完成。波尔多液应随用随配，不得放置超过 24 小时。

177 石硫合剂量如何熬制？（视频 29）

石硫合剂量即为石灰硫磺合剂。即为生石灰、硫磺粉、水熬制而成，其比例为 1∶2∶10。熬制方法是：先将水加热烧开，用时用少量水将硫磺粉拌成糊状，然后慢慢倒入烧开的水锅中，并不停搅拌。当水再一次沸腾后，将石灰分 3～4 次加入开水中，搅拌并减小火势，加完石灰后一般熬制 20～25 分钟，即成红棕色石硫合剂量原液，过滤后倒入缸内备用。一般熬制浓度可达到密度 1.21～1.26 克/升(原波美 25～30 度)。

178 石硫合剂量的杀菌、杀虫机理是什么?

石硫合剂量喷到植物表面后，与空气中的氧气、水分、二氧化硫发生一系列化学反应，形成多硫分子的凝聚，释放出少量硫化氢气体，从而起到杀菌、杀虫效果。

(1)喷到植物表面后产生的多硫分子化合物能分解和软化介壳虫的蜡层及体壁，并向虫体内部渗透，使害虫中毒死亡。

(2)可溶性多硫化物起还原作用，固态硫阻塞昆虫气门，使昆虫窒息死亡。

(3)分解产生的硫化氢和游离硫，能夺走昆虫及菌类细胞中的氧，使其正常的生理机能失控而死亡。

(4)石硫合剂中的硫进入菌体后，使菌体结胞正常的氧化还原受到干扰，导致生理功能失调而死亡。

179 如何合理有效地使用石硫合剂 ?

石硫合剂对很多害虫、螨、菌有较强的杀伤力，是生产上常用的一种成本低、效果好，对人畜较安全的杀菌、杀虫剂。

石硫合剂的防治对象多用于防治红蜘蛛、锈壁虱、木虱、蚜虫、锈病、叶斑病、白粉病等。

石硫合剂的使用浓度因季节而异，常用浓度为：休眠期密度为1.03～1.038 克/升；萌芽期限为密度 1.008～1.03 克/升；展叶期为密度 1.0 克/升。普通原液浓度一般为密度 1.165～1.263 克/升，浓度较高，所以使用时必须稀释，由于不同生长期树体对石硫合剂量的浓度敏感度不同，稀释过程中一定要准确，以免树体产生药害。

180 使用石硫合剂要注意的几个问题?

(1)石硫合剂属强碱性药剂，不能与波尔多液和石油乳剂混用，即使前后间隔使用，也需要充分的间隔期，先喷石硫合剂的，要间隔 15 天后才能喷布波尔多液；先喷波尔多液的，要间隔 20 天以后才能喷布石硫合剂；与石油乳剂使用间隔要在 1 个月以上才能避免发生药害。

(2)石硫合剂熬制时要用铁锅或陶器，不能用铜锅或铝锅。石硫合剂具有强腐蚀性，施用石硫合剂后的喷雾器，必须充分洗涤，以免腐蚀损坏。

(3)石硫合剂不耐贮存，易与空气和水反应而失效，最好随配随用，如必须贮存时，可用带釉的缸或坛中密封保存(容器内滴入一层油)，也可以使用塑料桶短时间保存或运输。

(4)使用浓度要根据气候条件及防治对象来确定，并要根据天气情况灵活掌握使用。阳光强烈，温度高，天气严重干旱时使用浓度要低，一般气温在 4℃ 以下或 30℃ 以上时不宜使用。在喷洒石硫合剂后，出现高温干旱天气，应浇灌一次水，以避免药害，防止出现黄叶、落叶、烧叶现象。

181 波尔多液的杀菌机理是什么？

波尔多液是人们常用的一种杀菌剂，且可自行配制，成本低，效果好。波尔多液喷在植物表面后，使植物表面形成一层保护膜，其膜上密布游离的铜离子，菌体或病原体落上后，接触铜离子，使其失去活性及生命力。这是由于离子可渗人菌体细胞与酶结合，从而使其失去活力。但对已侵入植物体内的病菌杀伤力较低。

182 枣树常用农药的使用方法有哪些？

农药是防治害虫的主要方法，但如何使用农药，怎样合理有效的使用农药是摆在果农面前的首要问题。施用农药时首先要根据害虫的种类、特点、害虫的发生时期，立地条件，危害对象，以及农药的剂型选用适当的方法。枣树的病虫害防治，多采用如下方法：

喷雾法 一般对于乳油、可湿性粉剂均应配成适当浓度的乳液，利用喷雾工具喷施。超低容量喷雾剂，不加水可直接喷雾。

喷粉法 人工或用喷粉器将粉剂农药直接喷于枣树上。

撒施法 是防治地下害虫的方法之一，结合整地将农药撒在地表，耕翻，杀灭地下害虫。

泼浇法 是防治苗圃地下害虫的方法之一，为不防碍地上小幼苗的萌芽出土，采取此法并免耕，以防治地下害虫。

熏蒸法 多用于果库及库房内的病虫害防治。

拌种法 是用于种子的消毒处理，及播种后消灭地下害虫，其方法是将农药按一定比例同种子混合，拌匀后进行播种期。

183 怎样配制和使用涂白剂？（视频 30）

晚秋在枣树干周涂白，是枣园常规作业之一，涂白的主要作用是防寒护树，防止和减轻树体冻伤，并能消灭树干上的越冬害虫，也可防止害虫上树和侵害树干，还可杀灭病菌，防止日烧。涂白剂的常用配方是：水 20 份、生石灰 5 份、石硫合剂原液 1 份、食盐 1 份、粘着剂少许（动物油、植物油、柴油、面粉糊、豆浆、水泥均可）。先将生石灰用少许水化开，食盐也先化成盐水，在把粘着剂倒进石灰水中充分搅拌，将剩下的水加入，搅拌均匀，最后把盐水和石硫合剂加入，混合均匀即成。

涂白时可用刷子均匀地把涂白剂刷在主干和主枝的基部，特别是分杈处应多涂、涂遍。为了提高效率，也可用喷雾器喷白。涂白的时间应在晚秋和早春进行。

184 枣无公害栽培允许使用的杀虫杀螨剂有哪些？

枣无公害栽培允许使用的部分杀虫杀螨剂品种及使用技术见

表 10-1。

表 10-1　枣无公害栽培允许使用的主要杀虫杀螨剂

农药品种	稀释倍数和使用方法	防治对象
1%阿维菌素乳油	5000 倍液喷施	叶螨、蚜虫
0.3%苦参碱水剂	800~1000 倍液喷施	蚜虫、叶螨
10%吡虫啉可湿粉	5000 倍液喷施	蚜虫、枣粘虫
25%灭幼脲 3 号	1000~2000 倍液喷施	枣尺蠖、食心虫
50%马拉硫磷乳油	1000 倍液，喷施	食心虫、枣粘虫
50%辛硫磷乳油	1000~1500 倍液喷施	食心虫、地下害虫
5%尼索朗乳油	2000 倍液，喷施	叶螨
10%浏阳霉素乳油	1000 倍液，喷施	叶螨
20%螨死净胶悬剂	2000~3000 倍液喷施	叶螨
99.1%加德士敌死虫	200~300 倍液喷施	叶螨、介壳虫
苏云金杆菌可湿粉	500~1000 倍液喷施	枣粘虫、枣尺蠖
10%烟碱乳油	800~1000 倍液喷施	食心虫、叶蝉
5%卡死克乳油	1000~1500 倍液喷施	枣瘿蚊、绿盲蝽
25%扑虱灵可湿粉	1500~2000 倍液喷施	介壳虫、叶蝉

185　枣无公害栽培允许使用的杀菌剂有哪些?

枣无公害栽培允许使用的部分杀菌剂品种及使用技术见表 10-2。

表 10-2　枣无公害栽培允许使用的主要杀菌剂

农药品种	稀释倍数和使用方法	防治对象
80%喷克可湿粉	800 倍液，喷施	枣锈病、炭疽病、铁皮病
80%大生 M-45	800 倍液，喷施	枣锈病、炭疽病、轮纹病
70%甲基托布津	1000 倍液喷施	枣锈病、炭疽病、轮纹病病
50%多菌灵	600～800 倍液喷施	枣锈病、炭疽病、铁皮病
1%中生菌素水剂	200 倍液喷施	枣锈病、斑点落叶病等
倍量式或多量式波尔多液	200 倍液喷施	枣锈病、轮纹病、炭疽病、铁皮病等
70%代森锰锌	600～800 倍液喷施	枣锈病、轮纹病、炭疽病
硫酸铜	100～150 倍液灌根	根腐病等
15%粉锈宁乳油	2000 倍液喷施	枣锈病、白粉病
石硫合剂	3～5 波美度	枣锈病、轮纹病、炭疽病、铁皮病等
843 康复剂	5～10 倍液涂抹	腐烂病
75%百菌清	600～800 倍液喷施	枣锈病、炭疽病、铁皮病等

186　枣无公害生产限制使用的农药品种有哪些?

枣无公害生产限制使用使用的农药品种品种及使用技术见表 10-3。

表 10-3　枣园限制使用的主要农药品种

农药品种	稀释倍数和使用方法	防治对象
48%乐斯本乳油	1000～2000 倍液喷施	蚜虫、食心虫
50%抗蚜威可湿粉	800～1000 倍液喷施	蚜虫

（续）

农药品种	稀释倍数和使用方法	防治对象
25%辟蚜雾水分散粒剂	800～1000倍液喷施	蚜虫
2.5%功夫乳油	3000倍液，喷施	食心虫、叶螨
20%灭扫利乳油	3000倍液，喷施	食心虫、叶螨
30%桃小灵乳油	2000倍液，喷施	食心虫、叶螨
80%敌敌畏乳油	1000～2000倍液喷施	食心虫
50%杀螟硫磷乳油	1000～1500倍液喷施	食心虫、介壳虫
10%歼灭乳油	2000～3000倍液喷施	食心虫
20%氰戊菊酯乳油	2000～3000倍液喷施	食心虫、蚜虫、
2.5%溴氰菊酯乳油	2000～3000倍液喷施	食心虫、蚜虫

187 枣无公害栽培禁止使用的农药品种有哪些？

枣无公害栽培禁止使用的农药包括国家明令禁止使用的农药和在果树上不得使用的农药。

(1) 国家明令禁止使用的农药：六六六，滴滴涕，毒杀芬，二溴氯丙烷，杀虫脒，二溴乙烷，除草醚，艾氏剂，狄氏剂，汞制剂，砷，铅类，敌枯双，氟乙酰胺，甘氟，毒鼠强，氟乙酸钠，毒鼠硅。

(2)在果树上不得使用的农药：甲胺磷，甲基对硫磷，对硫磷，久效磷，磷胺，甲拌磷，甲基异柳磷，特丁硫磷，甲基硫环磷，治螟磷，内吸磷，克百威，涕灭威，灭线磷，硫环磷，蝇毒磷，地虫硫磷，氯唑磷，苯线磷。

附录一　北京地区鲜枣无公害生产病虫害周年防治历

时间	主要防治对象	防治措施
1～3月，小寒至春分，休眠期	清除和防治越冬病虫	1. 清园：清理落叶、枯枝、杂草、僵果，刮除老翘皮，剪除病虫枝，刨除疯树、病株，消灭和减少越冬虫、卵及病原菌。 2. 刨树盘：早春土壤解冻后及时刨树盘，或春耕松土保墒，结合刨树盘，应注意筛拣虫茧，以降低虫口密度。解冻后到幼虫出土前，可在树干根茎附近挖拣虫茧，集中消灭之。 3. 地膜覆盖：春季树冠投影范围内地面覆盖地膜。抑制幼虫出土、化蛹、羽化。 4. 扎塑料裙：2月下旬在树干上扎一塑料裙，阻止枣尺蠖雌虫上树，每天清晨捕杀雌虫。 5. 绑草：3月上旬在塑膜带下部绑一圈稻草、诱集雌蛾产卵，至卵孵化期(4月中旬)，将草解下深埋或烧掉。
4～5月，清明至小满，萌芽、枝条生长及花芽分化	枣尺蠖、食芽象甲、绿盲蝽、枣瘿蚊、枣粘虫、桃小食心虫等害虫	1. 挖蛹：秋季和早春在成虫开始羽化前，距树干1米范围内，深10厘米处挖越冬蛹，集中消灭之。 2. 堆沙：惊蛰前树干基部培起30厘米左右沙堆，表面拍实、光滑，阻止雌虫上树，并在沙堆上每天捕捉雌蛾。 3. 涂油：粘油配方为：蓖麻油0.5千克熬沸，放入石蜡0.1千克，停火后放入松香0.5千克，溶化后即成。在距地面10～50厘米处，将粗皮刮去，涂上10厘米左右粘虫带，以阻止雌蛾、初孵幼虫及其它害虫上树危害。 4. 地面用药：桃小出土盛期(诱捕器诱到第一头雄蛾时)，每666米2用25%辛硫磷微胶囊0.5千克，加水5倍和300倍细土，混制成毒土撒施，或直接地表喷50%辛硫磷乳油1000～1500倍液，喷后立即耙地，半月后再喷一次。 5. 震虫：幼虫发生后，利用其假死性，敲树震落，及时消灭。 6. 喷药：幼虫危害时选用药剂防治，越早效果越好。25%灭幼脲3号悬浮剂1500倍液。20%杀虫脲悬浮剂8000～10000倍液。50%辛脲乳油1500～2000倍液。枣龟蜡蚧危害严重时，萌芽前喷10%～15%的柴油乳剂或3～5波美度石硫合剂。

（续）

时间	主要防治对象	防治措施
6月，芒种至夏至，开花期	枣尺蠖、龟蜡蚧、枣粘虫、红蜘蛛等害虫，枣缩果病、褐斑病、枣锈病	1. 依测报进行防治。 2. 桃小食心虫可进行地面用药或培土压茧。 3. 用0.3%苦参碱水剂800～1000倍液，或0.5亿/毫升芽孢青虫菌液。 4. 枣缩果病、褐斑病等要从幼果期(6月下旬)开始喷药保护，15天左右一次，共喷4～5次。可喷50%菌毒清水剂100倍、或50%多菌灵可湿性粉剂600～800倍液、或50%退菌特可湿性粉剂600～800倍液，或1∶2∶200倍的波尔多液等，多种药剂交替使用。
7月，小暑至大暑，幼果期	桃小食心虫、龟蜡蚧壳虫、红蜘蛛、枣粘虫、刺蛾类、枣缩果病、褐斑病、枣锈病、枣裂果病	1. 喷15%粉锈宁乳油1500～2000倍液、或1∶2∶200倍波尔多液、或"枣铁皮净"，防治铁皮病。 2. 合理修剪，注意通风透光，有利于雨后枣果表面迅速干燥，减少裂果。7月下旬开始喷0.3%氯化钙溶液，以后每隔10～20天再喷同样倍数的氯化钙溶液，直到采收。喷氯化钙可结合病虫防止同时进行。 3. 喷杀虫剂可选择的药剂有：25%扑虱灵可湿性粉剂1500～2000倍液，50%蛾螨灵乳油1500～2000倍液。对各种虫害均有良好防治效果。
8月，立秋到处暑，果实发育期	枣粘虫、红蜘蛛、桃小食心虫、刺蛾类、铁皮病等	1. 摘除和拣拾桃小食心虫危害果，集中处理。7月中下旬后，每隔2～3天摘除一次树上虫果和拣拾落果，集中堆沤、熟煮或做饲料，此法可消灭果内幼虫。 2. 注意防治红蜘蛛，可选用的药剂有：10%济阳霉素乳油1000倍液，99.1%加德士敌死虫乳油200～300倍液，5%尼索朗乳油2000倍，20%螨死净胶悬液2000～3000倍，25%哒螨灵乳油1500～2000倍液。 3. 继续做好各类病虫害的防治工作。
9月，白露至秋分，果实采收期	刺蛾类、铁皮病、枣炭疽病等	1. 树干绑草：9月上旬在树干周围绑草把，诱杀越冬害虫，冬季解下烧毁。 2. 采收前是枣铁皮病、枣炭疽病的高发病时期，要特别注意防治，尤其是雨后，一般应及时打药。

（续）

时间	主要防治对象	防治措施
10月，寒露至霜降，落叶期	桃小食心虫、大青叶蝉、冻害	1. 在晚秋幼虫脱果入土做茧后，把距树干30厘米内、深10厘米的表土铲起撒于田间，并把贴根茎上的虫茧一起铲下，使虫茧暴露于地表，经风吹冷冻死亡。可冻死虫茧90%左右。 2. 树干涂白。 3. 喷药防治大青叶蝉产卵。
1～12月，大雪至冬至，休眠期	越冬病虫	清理落叶、枯枝、僵果、杂草，刮除老翘皮，剪除病虫枝，刨除疯树、病株，消灭和减少越冬虫、卵及病原菌。

附录二　北京地区鲜枣无公害生产周年管理工作历

时间	主要管理内容
1～3月，小寒至春分，休眠期	1. 制定全年生产管理计划。 2. 新枣园的规划设计。 3. 交流技术经验，培训技术人员。 4. 备足农药，积肥运肥，检修农机具、药械，兴修水利。 5. 整形修剪：因树修剪，随枝作形。调整树体结构，合理安排各类骨干枝。落头控高，疏除过密枝、细弱枝、交叉枝、重叠枝等，回缩下垂枝、冗长枝。老树回缩骨干枝，更新复壮。 6. 清园：清理落叶、枯枝、僵果、杂草，刮除老翘皮，剪除病虫枝，刨除疯树、病株，消灭和减少越冬虫、卵及病原菌。 7. 刨树盘：早春土壤解冻后及时刨树盘，或春耕松土保墒，结合刨树盘，应注意筛拣虫茧，以降低虫口密度。 8. 病虫防治：2月下旬在树干上扎一塑料裙，阻止枣尺蠖雌虫上树，每天清晨捕杀雌虫；萌芽前全树喷3～5度石硫合剂；枣龟蜡蚧危害严重时，喷10%～15%的柴油乳剂。 9. 枣树栽植：选择无病虫、健壮枣苗，随起苗随栽植，栽后浇水，覆地膜，或松土、培土增温保墒。 10. 结合冬剪收集接穗，随收集随蜡封，随时贮藏。
4～5月，清明至小满，萌芽、枝条生长及花芽分化期	1. 施肥灌水：萌芽前后，施速效氮、磷肥，施肥后灌水，促进萌芽、枝叶生长和花芽分化。 2. 播种育苗：将沙藏的酸枣种子经催芽后播种，或直接播种酸枣仁。 3. 嫁接：苗圃地嫁接育苗、高接和利用野生酸枣资源嫁接大枣，改头换种。 4. 根外追肥：于5月初开始每隔2～3周喷0.3%～0.5%尿素和0.2%～0.3%的磷酸二氢钾以及其他微量元素。 5. 病虫防治：及时防治枣尺蠖、食芽象甲、绿盲蝽、枣瘿蚊、枣粘虫等害虫。可用阿维菌素乳油、苦参碱水剂、吡虫啉可湿性粉剂等杀虫剂防治。 6. 及时抹芽、摘心、拉枝，进行夏剪。 7. 发现枣疯病株，及时挖除、烧毁。

（续）

时间	主要管理内容
6月，芒种至夏至，开花期	1. 开甲：在盛花期对强壮树开甲 2. 花期喷水、喷肥和植物激素等，提高坐果率。 3. 花期放蜂提高坐果率。 4. 防治虫害：喷杀虫剂防治枣尺蠖、龟蜡蚧、枣粘虫、红蜘蛛等害虫。依枣桃小测报，喷药防治。 5. 夏剪：摘心、抹芽、拉枝等。 6. 苗圃地及时追施速效氮磷肥，每亩施尿素8～10千克，过磷酸钙25～30千克。
7月，小暑至大暑，幼果期	1. 追肥、除草：土壤追施速效氮、磷、钾肥，叶面喷肥。并及时除去杂草。 2. 防治病虫：喷杀虫剂防治桃小食心虫、龟蜡蚧壳虫、红蜘蛛、枣粘虫等。喷15%粉锈宁乳油1500～2000倍液、1：2：200倍的波尔多液预防枣锈病等病害。 3. 夏剪：进行抹芽、摘心、扭梢，控制枣头生长，以节约养分促进坐果。 4. 深翻树盘：雨季到来前深翻树盘，每次降雨后或灌水后应及时松土锄草，以充分利用降水，除去杂草。
8月，立秋到处暑，果实发育期	1. 除草：中耕除草、刨翻树盘。 2. 施肥：追施磷、钾肥。每隔2周喷1次0.3%～0.5%的尿素或0.3%的磷酸二氢钾。 3. 病虫防治：继续防治枣粘虫、桃小食心虫、铁皮病等。喷粉锈宁乳油或波尔多液防治枣锈病。 4. 摘除和拣拾桃小食心虫危害果，集中处理。 5. 采摘：8月鲜枣开始陆续成熟。
9月，白露至秋分，果实采收期	1. 按销售和贮藏需要适期采收不同成熟期鲜枣。 2. 施基肥：采收后，深施农家肥，可掺入适量速效氮、磷肥，施肥后灌足水。 3. 树干绑草：9月上旬在树干周围绑草把，诱杀越冬害虫，冬季解下烧毁。
10月，寒露至霜降，落叶期	1. 树干涂白。 2. 喷药防治大青叶蝉产卵。 3. 晚熟鲜枣采摘。 4. 苗木出土与调运。 5. 施基肥：上月未施完的，继续进行。 6. 灌冻水。
11～12月，大雪至冬至，休眠期	1. 种子沙藏：层积处理酸枣种子，为育苗打好基础。 2. 全年工作总结。 3. 开始冬季修剪。